Das Buch der Anti-Gravitation

Editiert von David Hatcher Childress

Albert Einstein
Nikola Tesla
T. Townsend Brown
Gravitationskontrolle
UFOs
Vortex-Technologie
Elektro-Gravitations-Antrieb
& viel, viel mehr

Das Buch der Anti-Gravitation

Editiert von David Hatcher Childress

Edition Neue Energien

Impressum

Das Buch der Anti-Gravitation

ISBN 3-89539-267-7

Nachdem von den verschiedenen unserer Büchern Raubdrucke, teilweise sogar ganze Ausgaben, im Umlauf gebracht wurden und wir nicht mehr bereit sind dies tatenlos hinzunehmen, bitten wir alle, aufrichtig, unsere Rechte zu achten. Für uns als kleiner Verlag sind die Kosten die mit der Herausgabe der Bücher verbunden sind enorm, Lizenzen, Honorare, Übersetzung etc.. Menschen die Teile dieses Buches oder das ganze Werk vervielfältigen sparen sich diese Kosten und schaden somit einen kleinen mutigen Verlag. Wir danken für Ihr Verständnis.

Die Illustration in der oberen Hälfte der Seite 70 wurde großzügigerweise von
Unarius Educational Foundation, El Cajon, Kalifornien zur Verfügung gestellt.

1. Auflage 10/97

Das Buch der Anti-Gravitation

Edition Neue Energien

Sonnenbichl 12, 86971 Peiting

Tel.: 08861-59018 Fax: 08861-67091

Druck: EuroGraf s.r.l., Bologna, Italien

Vorbehaltserklärung:

Dieses Buch ist dazu bestimmt, Informationen in Bezug auf die zu behandelten Themen zu vermitteln. Der Zweck dieses Buches liegt darin, zu lehren und zu unterhalten. Weder der Autor, noch der Verlag/Vertrieb sind irgendeiner Person oder Wesenheit gegenüber schadenersatzpflichtig oder verantwortlich im Falle eines Verlustes oder Schadens, der direkt oder indirekt durch die in diesem Buch enthaltene Information verursacht worden sein könnte.

Dieses Buch ist allen Wissenschafts-Philosophen dieser Welt gewidmet, wo immer sie sich befinden. Es ist meine Hoffnung, daß diese Menschen für die Verbesserung und Brüderschaft der ganzen Menschheit zusammenkommen werden.

Danksagung

Ein Dankeschön an Mark Balfour, Bill Clendenon, John Walker, Linda & Richard Drane, Winston Whitaker, Moray B. King, Ken Beherendt, die Unarius Foundation, Carole Gerardo, Harry Osoff, Ted Martin, Hans Lauritzen, Brooker, die Tesla Society in Colorado Springs, Bob Powers, Al Freeman, die Stelle Community und allen anderen, die sonst noch zu diesem Buch beigetragen haben.

Inhaltsverzeichnis

Anti-Gravitation & das vereinigte Feld

Ein menschliches Wesen ist Teil des Ganzen, genannt "Universum", begrenzt in Raum und Zeit. Es erfährt sich selbst, seine Gedanken und Gefühle als etwas, das von dem Rest getrennt ist, einer Art von optischer Täuschung seines Bewußtseins. Diese Täuschung ist eine Art von Gefängnis für uns, das uns auf unsere persönlichen Wünsche und Einwirkungen einiger weniger Personen in unserer näheren Umgebung beschränkt. Unsere Aufgabe muß es sein, uns aus diesem Gefängnis zu befreien durch Ausdehnung unseres Mitleids auf alle lebenden Kreaturen und auf die ganze Natur in ihrer Schönheit.

—Albert Einstein

ALBERT EINSTEIN & DAS VEREINIGTE FELD

von
David Hatcher Childress

Dr. Albert Einstein

ALBERT EINSTEIN
& DAS VEREINIGTE FELD

Es wäre ein großer Schritt nach vorne, wenn wir das Gravitationsfeld und das elektromagnetische Feld als eine einzige Struktur kombinieren könnten. Nur so könnte die Ära der theoretischen Physik, welche von Faraday und Clark Maxwell eingeläutet worden war, zu einem befriedigenden Ende gebracht werden.

-Albert Einstein, Mein Weltbild

Albert Einstein, der während seines Lebens als eines der kreativsten und einflußreichsten Gehirne der menschlichen Geschichte galt, ist wahrscheinlich der bekannteste Wissenschaftler der Welt, über fünfunddreißig Jahre nach seinem Tod. Er wurde durch seine verschiedenen Theorien zur Relativität bekannt, für die er einige der fundamentalsten Ideen der Wissenschaft noch einmal untersuchte und erschuf eine vollständig neue Sichtweise über den Aufbau von Raum, Energie, Materie und Zeit. Obwohl er durch seine Relativitätstheorien berühmt wurde, sind es seine Arbeiten an der Atombombe und an dem "vereinigten Feld", welche für die Wissenschaft wichtig waren. Es ist dieser letzte Punkt, der von ihm für die Öffentlichkeit seit den 20ern bis zu seinem Tod 1955 formuliert worden ist, welcher die tiefgreifendsten Verzweigungen für die Wissenschaft und für die Menschheit als Ganzes enthält. Es ist die unglaubliche Theorie, Anwendung und Durchführung des *vereinigten Feldes*.

Einstein wurde 1879 in Ulm als Kind von jüdischen Eltern geboren und war kein guter Schüler. Da der junge Albert wahrscheinlich Legastheniker war, hatte er Schwierigkeiten seine Hausaufgaben vollständig und korrekt durchzuführen und seine Lehrer betrachteten ihn als zurückgeblieben. Nichtsdestotrotz lernte er in seiner Freizeit Violine zu spielen, bewies ein feines Talent und entwickelte eine tiefe Liebe für Musik, die ihn sein ganzes Leben lang begleitete. Tatsächlich hat wahrscheinlich diese Liebe und dieses Wissen um die Musik, kombiniert mit seinen mathematischen Fähigkeiten, ihn zu dem Genie gemacht, als welches er berühmt wurde.

In den 1890'ern verließ seine Familie Deutschland in Richtung Schweiz, wo Albert seine Ausbildung abschloß. Abgesehen von Mathematik (auf diesem Gebiet promovierte er zum Doktor) waren seine Zeugnisnoten schlecht und es war ihm nicht möglich einen von ihm gewünschten akademischen Posten zu finden, so ließ er sich schließlich in Bern als zweiter Buchhalter im Patentbüro nieder. Da seine Arbeit ihn in keinster Weise forderte, fand Einstein, daß er genügend Zeit für seine eigenen Forschungen hätte. Ein Stift und Papier waren seine einzige Ausrüstung und sein erfinderischer und prüfender Verstand waren sein einziges Labor. Völlig auf sich gestellt formulierte er die Anfänge seiner Theorie, die einmal an den Fundamenten der Wissenschaft rütteln sollte.

Er begann damit nochmals das Michelson-Morley Experiment zur Lichtgeschwindigkeit im "Äther" und seinen seltsamen negativen Ergebnissen zu überprüfen. Albert Michelson (1852-1931) war ein Physik-Professor an der Universität in Chicago, der das moderne Interferometer entwickelte, mit dem er die Geschwindigkeit des Lichts genau messen konnte. Er ist auch für das Michelson-Morley Experiment im späten 18. Jahrhundert bekannt, welches die Geschindigkeit des Lichts durch den damals sogenannten “Äther” prüfen sollte. Der Äther bildete das theoretische Gefüge des Universums und seine Existenz sollte die Geschwindigkeit des Lichtes verringern.

Das Michelson-Morley Experiment war für die wissenschaftliche Gemeinde um die Jahrhundertwende der Beweis, daß es keinen “Äther” gab. Einstein war verwirrt, weshalb ihn die negativen Resultate des Michelson-Morley Experiments und seine Lösung des Problems dahin führen sollte, daß er über relativistische Physik nachdachte. Seltsamerweise wurde das gesamte Konzept des “Äthers” im späteren Teil des Jahrhunderts wiederbelebt und “Quantenfeld” genannt. Heutzutage haben die meisten Physiker die Theorie des Quantenfeldes akzeptiert, obwohl sie glauben, daß das Michelson-Morley Experiment die Existenz von Äther widerlegt hatte. Es ist ein modernes wissenschaftliches Paradoxon, dessen sich die Opfer nicht bewußt sind - im Grunde genommen alle modernen Wissenschaftler.

Durch einfaches verändern von Ideen und der Mathematik folgend, verfaßte Einstein eine bemerkenswerte neue Sichtweise des Universums. Die 1905 veröffentlichte *Spezielle Relativitätstheorie,* wie sie von Einstein genannt wurde, forderte die Vorstellungen von Raum und Zeit heraus, wie sie allgemein seit der Zeit von Isaac Newton akzeptiert waren. Für mehr als zwei Jahrhunderte hatten die Wissenschaftler ohne es in Frage zu stellen akzeptiert, daß die grundsätzlichen Meßgrößen - Masse, Länge und Zeit - absolut und unveränderbar seien. Einstein bewies, daß sie tatsächlich von der relativen Bewegung zwischen dem Beobachter und dem beobachteten Objekt abhingen.

Im Jahre 1915 veröffentlichte Einstein dann seine

Haupttheorie von der Relativität, die eine mathematische Beschreibung des Raumes gab. Er behauptete, daß das Universum aus einem Kontinuum aus Raum und Zeit in Form einer komplizierten vierdimensionalen Krümmung bestand. Die Folgerungen aus dieser schwierigen Idee waren, daß die Gravitationskraft, zuerst von Newton identifiziert, durch örtliche Krümmungen im Raumgefüge ensteht, welche durch große Masseansammlungen wie Sonnen und Planeten verursacht werden.

Eine der Voraussagen der Relativitätstheorie war, daß sich bewegende Objekte eine Zunahme der Masse aufzeigen müßten, ebenso eine Reduzierung der Länge und eine Verlangsamung des relativen Zeitablaufs. Bei Lichtgeschwindigkeit hätte jedes Objekt unendliche Masse und Zeitstillstand - Voraussagen, von den Einstein glaubte, daß sie in der Studie über relativistische Partikel mit hohen Geschwindigkeiten bewiesen worden waren.

Durch diese neue Theorie wurde eine heftige Diskussion ausgelöst. Die meisten Wissenschaftler hielten Einstein's Werk für unbegreifbar und selbst jene, die den mathematischen Formeln folgen konnten, konnten die Schlußfolgerungen nicht akzeptieren, da sie dem allgemeinen Grundverständnis zuwiderliefen. Obwohl diese Theorie gänzlich aus Einstein's Überlegungen entstanden war, wußte er, daß mit bestimmten Experimenten ihre Richtigkeit bewiesen werden konnte. Wenn die Veröffentlichung seiner Theorien eine Kontroverse ausgelöst hatte, so verursachte die Veröffentlichung der "Beweise" im Jahre 1919 eine Sensation! Als die Wissenschaftler anfingen seine Arbeit ernst zu nehmen, wurde ihnen der volle Umfang seiner Leistung klar. Der junge Physiker hatte die größte Revolution in der wissenschafftlichen Gedankenwelt seit Isaac Newton, dem Entdecker des universellen Gesetzes der Gravitation, ausgelöst.

Einstein fühlte sich durch die auf ihn gerichtete internationale Publizität nicht sehr wohl, ob er wollte oder nicht, er war eine weltweite Berühmtheit geworden. Die Öffentlichkeit betrachtete ihn als unvergleichlichen genialen Menschen und sein Name wurde schnell zum Synonym für große geistige Fähigkeiten.

Im Jahr 1914 hatte Einstein eine Anstellung als Physik-Professor an der Berliner Universität akzeptiert. Er hatte diese Stellung für etwa 20 Jahre inne. Während dieser Zeit reiste er überall in Europa und den Vereiningten Staaten herum. Er war ein populärer Vortragsredner, der nicht nur über sein Werk referierte, sondern sich auch sozialen und politischen Themen widmete. Obwohl er öffentliche Auftritte nicht mochte, benutzte er seinen Namen und seinen Ruhm, um gegen den aufkommenden Nationalsozialismus in Deutschland anzukämpfen. Er verteidigte auch den Aufbau von Palästina als Heimatland für die Juden. Er stärkte auch der Friedensbewegung und anderen humanitären Bewegungen den Rücken.

Als die Nazi's 1933 an die Macht kamen, wurde er enteignet und seine Staatsbürgerschaft aberkannt während er sich auf einer Auslandsreise befand. Von seinem Heimatland abgewiesen, wurde er in den Vereinigten Staaten mit offenen Armen empfangen. Im gleichen Jahr ging er zum Institute for Advanced Studies in Princeton, New Jersey, und blieb dort für den Rest seines Lebens.

Einstein und Rabindranath Tagore

Michelson, Einstein und Millikan

Der Spiralnebel in Coma Berenices, gesehen in einer entfernten galaktischen Insel. Seine Ähnlichkeit mit der Kontur einer fliegenden Untertasse ist signifikant, was zeigt, daß die Kräfte und die Funktionsprinzipien des Vortex im Universum vom kleinsten bis zum größten Maßstab gelten. Das Foto wurde freundlicherweise vom Mount Wilson Observatorium zur Verfügung gestellt.

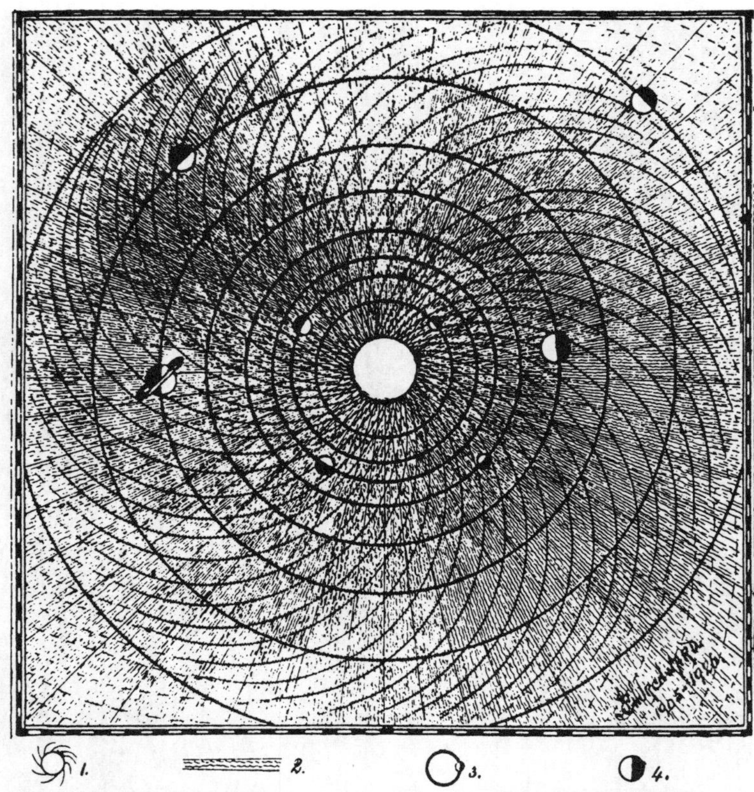

1. Symbol: vorwärtstreibende Kräfte
2. Symbol: magnetische Kräfte
3. Symbol: neutrale Zonen
4. Symbol: Planeten

DAS SONNENSYSTEM

Dies ist ein herkömmliches Diagramm. Entfernungen und Größenverhältnisse wurden nicht berücksichtigt.

1. Gekrümmte Linien strahlen von der Sonne aus. Die zentrifugale Kraft.
2. Gerade und wellenförmige Linien. Die Kräfte der Sonne, einschließlich der magnetischen Kraft.
3. Schwarze Kreise. Die neutralen Zonen der Planeten.
4. Die Planeten.

Auszug aus *The Cosmic Forces of Mu* (=die kosmischen Kräfte von Mu; Anm. d. Übers.) von James Churchward, 1934. Churchward sah die heutige Überzeugung voraus, daß sich alle Planeten in einem ausgedehnten Magnet- und Gravitationsfeld um die Sonne bewegen.

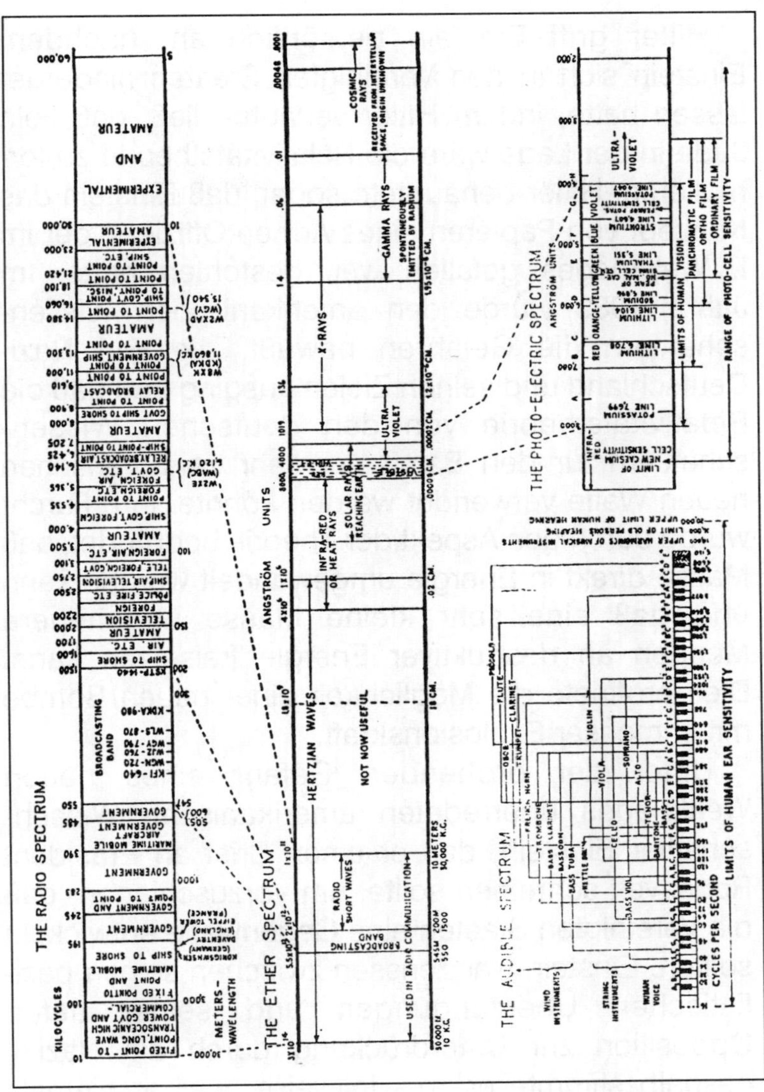

Ein Schaubild der Frequenzen (teilweise) - Anzahl der Schwingungen pro Sekunde - die im hörbaren und elektromagnetischen Spektrum gefunden werden können. Alle Materie und ihre Effekte ist eine Wellenform der einen oder anderen Art, einschließlich der Gravitation. Auszug aus *MAGNETISM and Its Effects On the Living System* (=Magnetismus und seine Effekte auf lebende Systeme; Anm. d. Übers.).

Hitler griff Einstein persönlich an, nachdem Einstein sich in den Vereinigten Staaten niedergelassen hatte, indem Hitler verlauten ließ, daß kein Jude in der Lage wäre die Relativitätstheorie zu formulieren. Hitler behauptete sogar, daß Einstein das Konzept von Papieren eines Armee-Offiziers, der im I. Weltkrieges gefallen war, gestohlen hatte. Im Jahre 1939 wurde den amerikanischen Wissenschaftlern die Gefahren bewußt, die von Nazi-Deutschland und seinen Zielen ausging und daß die Relativitätstheorie von den deutschen Wissenschaftlern für den Bau einer sehr zerstörerischen neuen Waffe verwendet werden könnte. Ihre Furcht wurde durch den Aspekt.der Theorie begründet, daß Masse direkt in Energie umgewandelt werden kann und daß eine sehr kleine Masse ungeheuere Mengen an destruktiver Energie freisetzen kann. Dies eröffnete die Möglichkeit einer neuen Bombe mit immenser Explosionskraft.

Unter der drohenden Gefahr eines neuen Weltkrieges überredeten amerikanische Wissenschaftler Einstein, daß er einen Brief an Präsident Roosevelt schreiben sollte, um vorzuschlagen, daß die Vereinigten Staaten eine Gegenwaffe entwickeln sollten. Einstein war zerissen zwischen seinen pazifistischen Überzeugungen und seiner tiefen Opposition zur Unterdrückung durch die Nazi's, deshalb stimmte er zu - teilweise, weil er niemals damit rechnete, daß solche Waffen für irgend etwas anderes wie zur Abschreckung verwendet werden könnten. Sein Brief führte direkt zum Bau der ersten Atombomben und zu ihrem Einsatz in Japan 1945, trotz Einstein's Appell in letzter Minute, daß solch eine zerstörerische Waffe niemals abgeworfen werden sollte.

Einstein verbrachte seine letzten Jahre zur Hälfte als Pensionär in Princeton, wo er fortfuhr zu unterrichten und seine Arbeit an der wichtigsten, weitgehend vernachlässigten und unterdrückten Theorie, der Vereinigten Feldtheorie, weiterführte.

Einstein's Vereinigte Feldtheorie

Ich habe wenig Geduld mit Wissenschaftlern,
die sich ein Stück Holz nehmen,
nach der dünnsten Stelle suchen,
und eine große Anzahl Löcher
an der einfachsten Stelle bohren.

Albert Einstein

(zitiert von Philipp Frank in "Einstein's
Philosophy of Science,"
aus Reviews of Modern Physics,
Vol. 21. No. 3, Juli 1949)

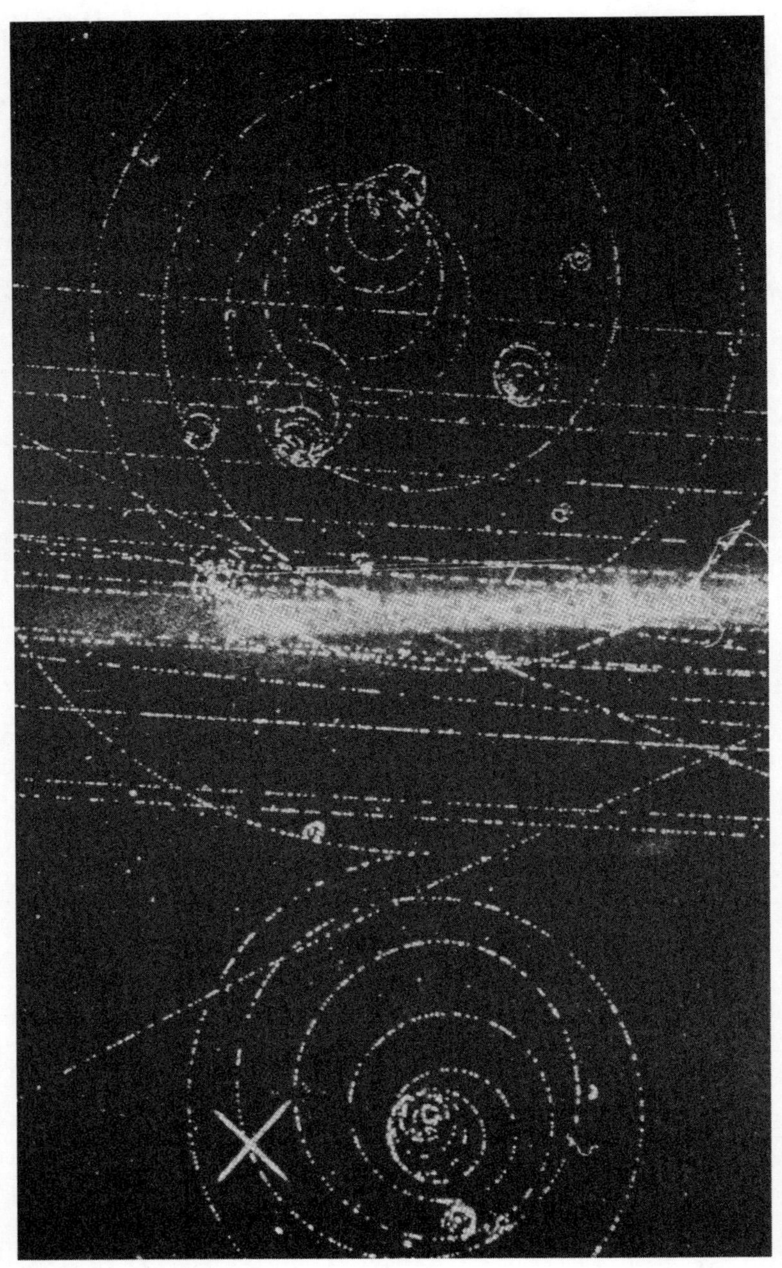

Die ERSCHAFFUNG VON ANTIMATERIE wird in einer Nebelkammer sichtbar, da sie mit flüssigem Helium gefüllt ist. Alle elektrisch geladenen Partikel hinterlassen in diesem Medium eine Spur von Gasbläschen. Auf dieser Abbildung ist die Antimaterie ein Positron, dessen spiralförmige Spur im Uhrzeigersinn im rechten Teil des Fotos sichtbar ist. Die kleinere Spirale im Gegenuhrzeigersinn zeigt die Spur eines Elektrons. Das Positron ist der Antipartikel des Elektrons: Beide haben eine identische Masse, aber in verschiedenen anderen Punkten wie z. B. der elektrischen Ladung , sind ihre Attribute gegensätzlich. Das Positron und das Elektron entstehen als Zerfallsprodukt eines Photons oder eines Quants aus der elektromagnetischen Strahlung. Die Spur des Photons kann nicht gesehen werden, da es keine elektrische Ladung hat und deshalb auch keine Gasbläschen entstehen. Es wurde ein Magnetfeld an die Kammer angelegt, damit die Spuren der Partikel ausgerichtet werden können. In Hochenergie-Experimenten ist die Erzeugung von Partikel-Antipartikel Paaren nichts ungewöhnliches, obwohl es beim Universum so scheint, daß es vorwiegend aus Materie besteht. Die Aufnahme wurde von Nicholas P. Samios vom Brookhaven National Laboratory gemacht.

Die vereinigte Feldtheorie ist das signifikanteste physikalische Konzept, das je ersonnen wurde und die Umsetzung einer solchen Theorie würde das Leben und die Technologie auf unserem Planeten revolutionieren, wie sie es wahrscheinlich schon auf vielen anderen Planeten getan hat.

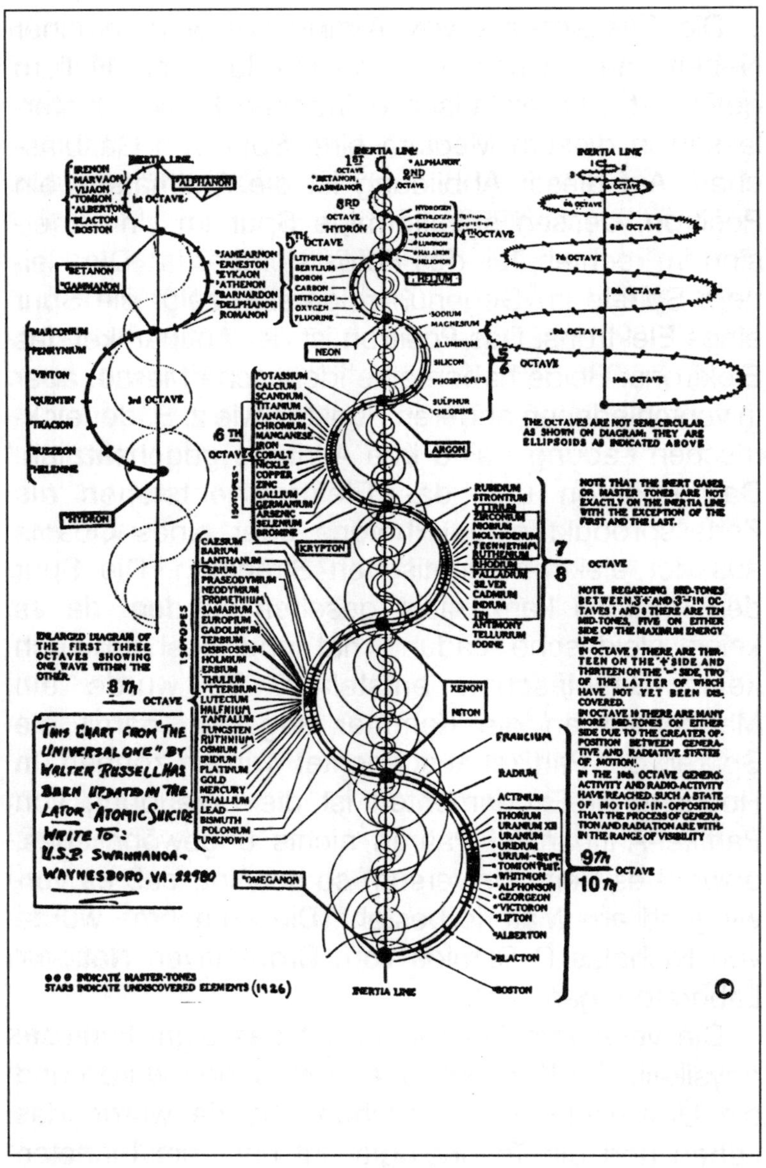

Das Diagramm zeigt die zehn Oktaven von integriertem Licht, eine Oktave in der anderen. Diese zehn Oktaven enthalten in sich einen kompletten Zyklus des Transfers der universellen Konstante von Energie in und durch alle Dimensionen.

Die relativistische Gleichung E=mc2 sagt aus, daß die Energie, die in jedem Partikel enthalten ist, gleich der Masse der Materie multipliziert mit dem Quadrat der Lichtgeschwindigkeit (=300.000 Kilometer je Sekunde) ist. Diese Gleichung sagt aus, daß selbst kleinste Mengen von Materie riesige Mengen an Energie freisetzen würden und der Bau der ersten Atombombe durch die Nuklear-Wissenschaftler basierte auf genau dieser Aussage.

In seiner allgemeinen Relativitätstheorie hatte Einstein die Gravitation als Kraft behandelt, die vom Gravitationsfeld verursacht wird. Materie verursacht eine Zunahme des Gravitationsfeldes, welches wiederum bei anderen materiellen Körpern Kräfte hervorruft. Einstein hat diese Kraft für die Krümmung des Raumes verantwortlich gemacht. Eine ähnliche Situation besteht bei elektrisch geladenen Teilchen. Kräfte wirken zwischen ihnen und sie können mit einberechnet werden, wenn man die elektrischen Ladungen berücksichtigt, die ein elektromagnetisches Feld entstehen lassen, welche wiederum Kräfte in anderen geladenen Teilchen entstehen lassen. Auf diese Weise verhalten sich Materie und Gravitationsfelder exakt analog zu einer elektrischen Ladung und einem elektromagnetischem Feld.

Folglich versuchte Einstein eine Theorie des "Vereinigten Feldes" zu erschaffen, was eine Verallgemeinerung seiner Gravitationstheorie wäre und alle elektromagnetischen Phänomene einschließen würde. Er dachte auch, daß er auf diese Weise eine befriedigendere Theorie der Lichtquanten (Photonen) bekommen könnte, als jene von Bohr und Gesetze daraus ableiten könnte, wie unsere physikalische Realität funktioniert, anstatt nur Gesetze aus Ergebnissen von beobachteten Versuchen zu entwickeln.

Der große Erfolg der geometrischen Methode in der allgemeinen Relativitätstheorie löste bei ihm Gedanken aus, daß er eine neue Theorie innerhalb der Struktur des vierdimensionalen Raumes entwickelen sollte. Er kam zu dem Schluß, daß der Raum neben der Krümmung noch andere Charakteristiken haben müßte, welche durch die Gravitation ausgelöst wird.

Am fünfzigsten Geburtstag Einstein's (1929) machte die Nachricht vor allem in den internationalen wissenschaftlichen Kreisen die Runde, daß er an einer vereingten Feldtheorie arbeitete. Ein Großteil der Öffentlichkeit schien von der Idee gefesselt, daß er gerade an seinem 50. Geburtstag die magische Formel herausfinden würde, welche dann letztendlich alle Rätsel der Natur lösen würde. Einstein erhielt Telegramme von Zeitungen und Verlagen aus allen Teilen der Welt mit der Bitte, sie mit wenigen Worten in seine neue Theorie einzuführen. Hunderte von Reportern belagerten sein Haus und als es einigen Reportern gelang mit ihm zu sprechen, sagte ein erstaunter Einstein “Ich benötige wirklich keine Publizität”.

Trotzdem erwarteten alle noch, daß einige neue Sensationen noch das Wunder seiner vorangegangenen Theorien übertreffen würden. Die Presse erfuhr, daß eine Veröffentlichung über die Vereinigte Feldtheorie in Zusammenarbeit mit der preußischen Akademie der Wissenschaften stattfinden würde, deshalb unternahmen die Zeitungen Anstrengungen um Fahnenabzüge von dem Drucker zu erhalten, sie waren aber erfolglos. Es blieb ihnen nichts anderes übrig, als auf die Veröffentlichung des Artikel zu warten und um sicherzustellen, daß sie nicht zu spät dran sein würden, arrangierten es die amerikanischen Zeitungen, daß es sofort als Photokopie zugesandt werden würde.

Der Artikel war nur wenige Seiten lang und er bestand zum größten Teil aus Formeln, welche für die Öffentlichkeit völlig unverständlich waren. Die gefühlsmäßige Reaktion des Durchschnittsbürgers auf diese Formeln ließ sich wohl am ehesten mit der Erfahrung vergleichen, wenn er uralten Keilschriften betrachtete. Damit man diese Papiere verstehen konnte, war eine erhebliche Fähigkeit für abstrakte geometrische Gedankengänge erforderlich. Für jene, die diese Gabe besaßen, offenbarten sie, daß allgemeingültige Gesetzmäßigkeiten für ein vereinigtes Feld aus einer bestimmten Hypothese bezüglich der Struktur des vierdimensionalen Raumes abgeleitet werden können. Es konnte belegt werden, daß diese Gesetze die bekannten Gesetze von elektromagnetischen Feldern ebenso enthielten wie Einstein's Gravitationsgesetz für Spezialfälle.

War Einstein's vereinigte Feldtheorie in die Praxis übernommen und von wissenschaftlichen Kollegen untersucht worden? Nach Aussagen eines Biographen Einstein's "... es konnte kein Resultat für experimentelle Bestätigung daraus abgeleitet werden. So war für ein Großteil der Öffentlichkeit die neue Theorie noch unverständlicher als die vorangegangenen Theorien. Für den Experten war es ein vollendetes Werk größter Logik und ästhetischer Perfektion."

Die vereinigte Feldtheorie kann eigentlich bis zum Jahr 1860 zurückverfolgt werden, als James Clerk Maxwell entdeckte, daß Elektrizität und Magnetismus als elektromagnetische Kraft zusammengefaßt werden können. Maxwell, der 1831 in Schottland geboren wurde, ist als einer der hervorragendsten Mathematiker in der Geschichte bekannt, ganz besonders aber wurde er durch seine Beiträge zur Physik so bekannt. Maxwell war der erste, der die Theorie über die Kinetik von Gasen formulierte und kurz danach machte er eine der wichtigsten Entdeckungen der Wissenschaft überhaupt, welche den Weg für Einstein und die vereinigte Feldtheorie ebnete. Maxwell erweiterte die Ideen des Physikers Michael Faraday und setzte sie rigoros in mathematische Begriffe um. Ebenso wie Faraday visualisierte Maxwell *den Raum*, *der geladene Körper umgibt* als mit Kraftfeldlinien durchdrungen, die in einem *elektrischen Feld* eingebettet sind und verband ein Magnetfeld mit dem Raum. Mit wenigen Gleichungen, die auf diesem Feldkonzept basierten erschuf Maxwell einen mathematischen Ausdruck von all den unterschiedlichen elektrischen und magnetischen Phänomenen. Sie bewiesen jenseits allen Zweifels die unauflösliche Verbindung zwischen elektrischen und magnetischen Feldern und fügte so den Begriff "Elektromagnetismus" zum Vokabular der Wissenschaft hinzu.

Mit seinen Gleichungen zeigte Maxwell auf, daß die Oszillation einer elektrischen Ladung ein elektromagnetisches Feld entstehen läßt, welches von seinem Ursprung mit gleichbleibender Geschwindigkeit ausstrahlen würde. Er fand heraus,daß die Geschwindigkeit 300 000 Kilometer pro Sekunde beträgt, was der Lichtgeschwindigkeit entspricht. Er schlug deshalb sofort vor, daß das Licht eine Art von elektromagnetischer Strahlung sei und daß das sichtbare Licht nur ein kleiner Teil des viel größeren elektromagnetischen Spektrums sei. Der Beweis für

Maxwells geniale Arbeit kann in dem breiten Anwendungsbereich des von ihm beschriebenen Spektrums gesehen werden: von den großen Wellenlängen des Radars und des Radios zu den ultrakurzen Wellenlängen der Röntgenstrahlen. Diese Gesetze der Strahlung werden in einer brillianten Einfachheit in seinen Gleichungen für elektromagnetische Felder ausgedrückt.

In Maxwell's Abhandlung über Elektrizität und Magnetismus, einer wissenschaftlichen Arbeit die für das 19. Jahrhundert genauso wichtig war wie Einstein's Relativitätstheorie für das 20. Jahrhundert, zeigte er, daß die in einer Lichtwelle oszillierenden Quantitäten die elektrischen und die magnetischen Felder sind.

Maxwell stellte die Theorie auf - richtigerweise - daß das elektrische Feld als eine sich bewegende elektrische Ladung unentwirrbar mit dem magnetischen Feld verbunden ist, wenn man die magnetische Intensität veränderte. Maxwell stellte auch die Theorie auf, daß die elektrischen und magnetischen Felder Scheitelpunkte mit maximaler und minimaler Stärke haben, analog zum Kamm und Wellental einer Welle, aber daß es keine vertikale Bewegung gibt.

Es war Maxwell's Gleichung welche die Theorie über Bord warf, daß eine Lichtwelle oszillierte, indem sie Partikel im Äther verschiebt.

Unter den sich ergebenden mathematischen Folgerungen war die seltsame Forderung, daß ein elektrisches Feld, ob es nun in Bewegung versetzt oder verzögert wird, nicht nur ein magnetisches Feld im rechten Winkel aufbauen muß, sondern auch eine sehr feine elektromagnetische Welle (rechtwinklig zu beiden) aussenden muß, welche sich mit Lichtgeschwindigkeit durch den Raum fortbewegt und andere wichtige Eigenschaften hat, die aus Huygen's Wellentheorie abgeleitet werden können.

Diese beispiellose Entwicklung versetzte Maxwell aufgrund ihrer Möglichkeiten in helle Aufregung. Konnten solche elektromagnetischen Wellen - falls sie sich bestätigen würden - wirklich eine Art von Licht sein? War Licht in Wirklichkeit eine Form von vibrierender elektromagnetischer Energie, welche bei anderen Frequenzen andere Formen haben könnte? Maxwell schlußfolgerte exakt dies daraus. Maxwell war ein brillianter Wissenschaftler, aber er war einen gigantischen Schritt von der vereinigten Feldtheorie entfernt. Er mußte nur noch einen Punkt zu seiner Liste der Komponenten hinzufügen, welche innerhalb des magnetischen und elektrischen Feldes wirkten, so gut wie die Lichtwellen.

Diese Komponente ist natürlich die Gravitation.

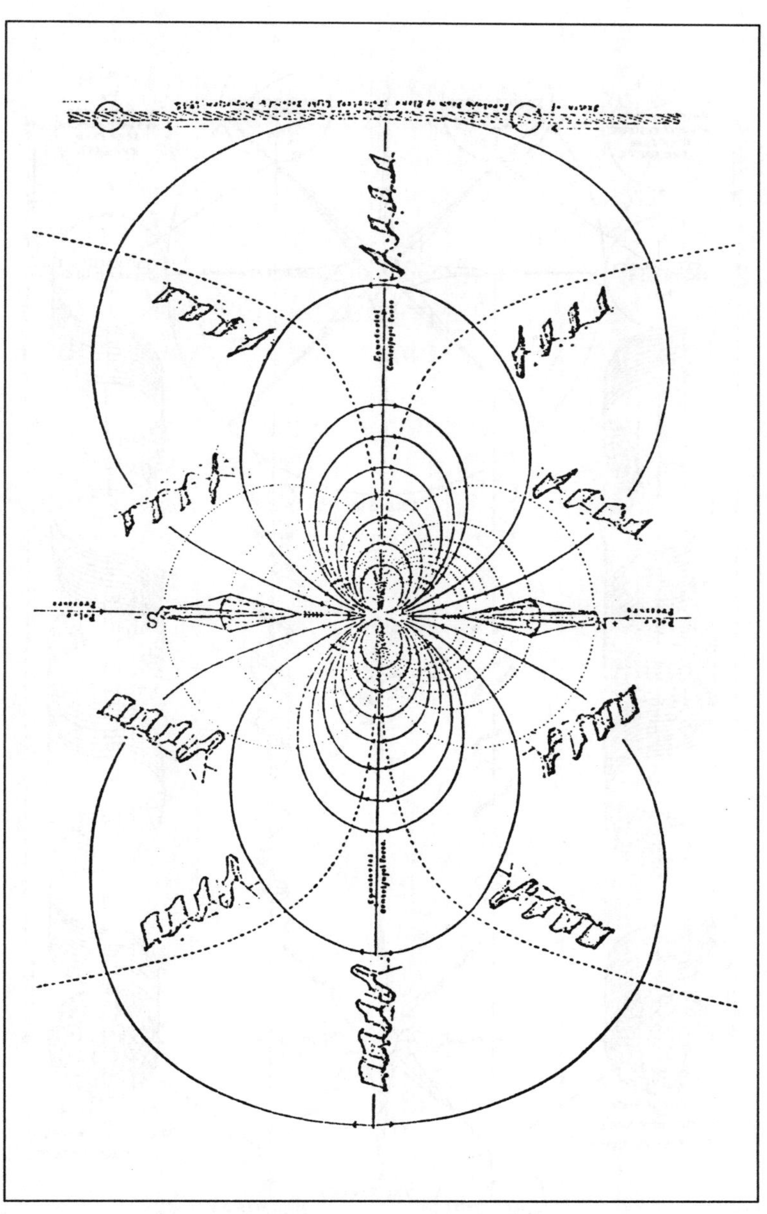

Dynamische Theorie des Wellenfeldes eines Magneten und der verwandten magneto-optischen Phänomene. Von T.J.J. See's *Wave Theory* 1934.

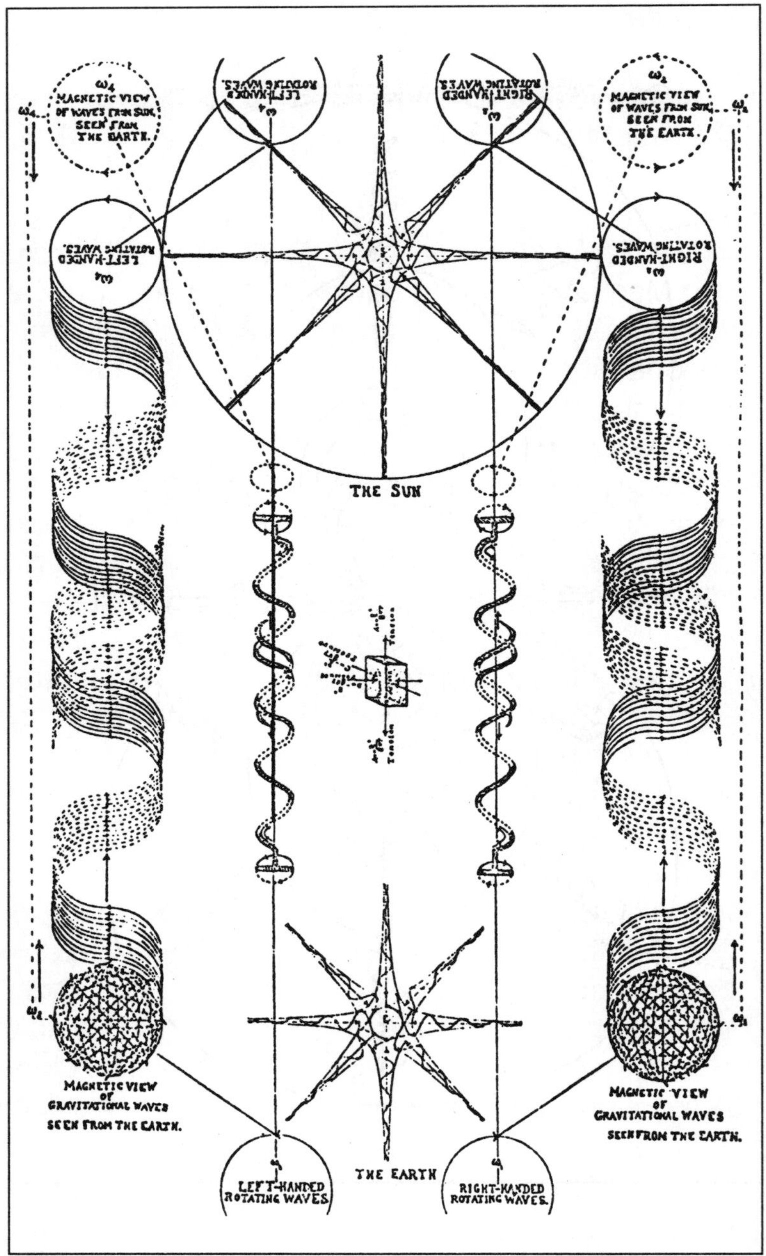

T.J.J. See's Diagramm von Gravitationswellen, vereinigt mit Magnetismus, Elektrizität, Gravitation, Wellentheorie und dem vereingten Feld. Von Wave Theory, 1934.

Gravitation, Elektrizität und Magnetismus

"Einstein ist nicht schwierig, sondern nur unglaublich" sagte einer seiner Kritiker.

Die Verbindung zwischen Gravitation, Elektrizität und Magnetismus wird gewöhnlich als die Basis des vereinigten Feldes definiert. Während Maxwell's Theorie über elektrische und magnetische Felder aussagt, daß diese zwei auf eine komplizierte Weise miteinander verbunden sind und von einer Quelle hervorkommen, so entsteht die Gravitation aus der gleichen Quelle mit ähnlichen Verbindungen zur gleichen Quelle. Während Maxwell zeigte, daß es eine Gleichung für Elektromagnetismus gibt, gibt es ebenso eine Gleichung für Elektrogravitation, Magnetogravitation und sogar für Elektro-Magneto-Gravitation. Gleichungen zur Gravitationskontrolle, in denen die Gravitation als Manifestation des vereinigten Feldes angesehen wird, wären Teil einer Gleichung für das vereinigte Feld.

Elektrogravitation und Magnetogravitation wären künstliche (?) Formen der Gravitation mit denen die Gravitation kontrolliert werden könnte und die in Felder um das Flugzeug, Raumschif und andere Vehikel abgelenkt würde. Eine vereinigte Feldgleichung, welche eine praktische Entwicklung der Gravitationskontrolle bieten würde, wäre wohl die wichtigste Entdeckung seit dem Beginn der elektrischen Stromerzeugung.

Ein anderer Zeitgenosse Einstein's, der an dem vereinigten Feld arbeitete, war der Wissenschaftler T.J.J. See, veröffentlichte in den 1930ern sieben Handbücher (zusammen ca. 4000 Seiten) über seine ausgedehnten Forschungen, um das Gravitationsrätsel zu verstehen. Unglücklicherweise wurde See's Arbeit weitgehend ignoriert und ist im Grunde genommen in der wissenschaftlichen Welt unbekannt. Es wird erzählt, daß er die unglückliche Tendenz hatte, daß er seine Theorien "zu nachhaltig vertrat", was gewöhnlicherweise von seinen Kollegen als "arroganter Egoismus" interpretiert wurde anstatt "gelernte Überzeugung."

Eigentlich war See's technisches Werk, speziell seine Wellentheorie der Gravitation, vollständig durchgeführt und wird nun von vielen als eine stimmige Basis für eine letztendlich akzeptierten vereinigten Feldtheorie angesehen. Die Basis für See's Wellentheorie liegt in der mathematischen Größe Pi, die durch eine unendliche Serie von Oszillationen zu einer erweiterten Theorie über lineare Kurvenbewegungen wird. Die Serien von Oszillationen entsprechen dynamischen Impulsen - physikalischen Wellen im Äther, wie Huygens und Newton bei linearen Kurvenbewegungen von Sternen in der Unermeßlichkeit des Weltalls schon beobachtet hatten. In See's Diagram werden die gravitationalen, magnetischen und elektrischen Felder als longitudinal komprimierte Wellen im Äther dargestellt mit erheblich divergierenden Wellenlängen. Diese vielfältigen Wellenformen sind in Bezug auf die Entfernungen, in denen sie wirken, in angemessener Größe. Obwohl See sorgfältige Forschung betrieb, wurde er damals ebenso wie heute ignoriert und es scheint, daß wir fünfzig Jahre später einer akzeptierten vereinigten Feldgleichung nicht nähergekommen sind.

Es ist interessant, daß sich eine solche Gleichung jenseits der Möglichkeiten der heutigen Wissenschaftler befindet. Obwohl Einstein schon 1929 seine vereinigte Feldgleichung veröffentlichte, hat sich während der letzten fünfzig Jahre offensichtlich nur sehr wenig oder gar nichts bezüglich dieser Thematik bewegt! Kann dies die Wahrheit sein oder ist die Arbeit an dem vereinigten Feld und seiner Versprechungen der künstlichen Gravitation seit der ersten Veröffentlichung im Geheimen weitergeführt worden? Personen, die Nachforschungen bezüglich des während des II. Weltkrieges durchgeführten Philadelphia-Experimentes angestellt haben würden diese Frage sicherlich bejahen. Das angespannte Umfeld während der Kriegszeit der späten 30er und 40er Jahre war eine Zeit, in der die Geheimhaltung die höchste Priorität hatte, als die bedeutenden und Aufsehen erregenden Folgerungen einer neuen Phase der Technologie ein Verstecken der Resultate vor den Massen eine absolute Notwendigkeit war. Müssen wir noch heute, nach dem Krieg, solche Forschungen im Geheimen durchführen?

Mit der Explosion der ersten Atombomben und dem Ende des Krieges wurde eine neue Energieform in einer zerstörerischen Weise gegen die japanische Bevölkerung freigesetzt, ebenso wurde eine erstaunte und arglose amerikanische Öffentlichkeit davon überrollt. Plötzlich schien das Gefüge des Universums angezapft worden und die freigesetzte Energie war in ihrer Natur furchterregend. Die Theoretiker des vereinigten Feldes hatten nun eine weitere Kraft mit der sie sich auseinandersetzen und in die Gleichung einarbeiten mußten: die Nuklearkraft. In dem Buch *Superforce*[10] des britischen Wissenschaftlers Paul Davies erklärt der Autor, daß die aufzeigbaren Wechselwirkungen im Universum auf vier Grundkräfte zurückgeführt werden können: die Gravitation, die elektromagnetische Kraft und die zwei nuklearen Kräfte: die starke und die schwache. Alle vier sind für unsere gegenwärtige Existenz lebenswichtig. Gravitation hält uns auf der Erdoberfläche und die Erde bei der Sonne. Die elektromagnetische Kraft hält die Atome und Moleküle zusammen, sie manifestiert sich als Licht und ermöglicht uns dadurch zu sehen. Die starke Kraft hält die Atomkerne zusammen und ermöglicht komplexen Atomen zu existieren. Die schwache Kraft kontrolliert die Reaktionen auf der atomaren Ebene welche es der Sonne ermöglichen zu scheinen. Während des letzten Jahrzehnts haben die Wissenschaftler die fundamentalen Partikel gefunden, über die diese Kräfte wirken: die Quarks (mit Namen wie up, down, strange, cham, truth und beauty) und die Leptonen (Elektronen, Neutrinos, Muonen und Tauonen). Von der fundamentalen Triade, die uns in der Schule gelehrt wird - Neutron, Proton und Elektron - überlebt nur das Elektron als ein fundamentaler Partikel. Ein fundamentaler Partikel scheint die erstaunliche Eigenschaft zu besitzen ein wirklicher mathematischer Punkt zu sein, unteilbar, mit keiner räumlichen Ausdehnung, trotzdem kann er Eigenschaften wie Masse, elektrische Ladung, Spin und verwunderliche Qualitäten wie Farbe und Geschmack haben. Da sie keine Größe besitzen, können diese Partikel zu einer willkürlichen Dichte zusammengepresst werden, so wie sie in schwarzen Löchern vorkommen oder wie sie hypthetisch im frühen Universum vorkamen. An den Grenzen der Hochenergiephysik und der Kosmologie wird die Superkraft benutzt, um zu erklären, was den "Big Bang" auslöste, der die Geburt des Universums war und ebenso wie die nun sichtbaren kosmischen Strukturen in den nachfolgenden Mikrosekunden entstanden sind. Es wird ebenso vorgeschlagen, daß Raum und Zeit in Wirklichkeit elfdimensional sind mit den unsichtbaren Dimensionen des Raumes, die sich als nukleare und elektromagnetische Kraft maskieren.[3] Davies diskutiert was er als den "ersten Durchbruch" in der vereinigten Feldtheorie bezeichnet, wenn Berechnungen zeigten, daß die schwachen und elektromagnetischen Kräfte bei hohen Energien identisch werden könnten. Die Experimente des Nobelpreisträgers Carlo Rubbia aus Italien und Simon van der Meer aus den Niederlanden in ihrem Laboratorium in der Schweiz bestätigten diese Berechnungen. Mit der Benutzung einer Maschine, die von Herrn van der Meer entwickelt worden war, wurde die Theorie von Herr Rubbia bewiesen, daß die schwache und die elektromagnetische Kraft bei hohen Energien identisch werden. Sie haben sich nun vorgenommen die anderen Kräfte mit der jetzt vereinigten "elektroschwachen Kraft" zu kombinieren.

Theorien, die versuchen die starken, schwachen und elektromagnetischen Kräfte zu kombinieren werden als Große Vereinigte Theorien (GUTs=Grand Unified Theories) bezeichnet. Eine Theorie, welche die Gravitation mit den anderen drei kombiniert wird als Super-GUT bezeichnet, die wahrscheinlich eine spezielle Symmetrie der Natur einschließt, die als Supersymmetrie bekannt ist (SUSY).3 Auf jeden Fall müssen alle Energieformen und Partikel in dem vereinigten Feld enthalten sein. Aus diesem Feld müssen alle Materie, Massen, Wellenformen, Energie und Partikel entstehen. Äther wird nun als Quantenpartikel bezeichnet und die Wissenschaft hat bewiesen, daß es keine Leere gibt. Energie ist überall - sogar im sogenannten leeren Raum. Der aus der Mode gekommene Begriff des Äthers, der vermutlich durch das berühmte Lichtgeschwindigkeitsexperiment von Michelson-Morley widerlegt wurde, ist nun zum Quantenfeld geworden und dadurch hat sich der Kreis in der Physik wieder geschlossen, aber wenigstens in einer aufwärts gerichteten Spirale. Zwischenzeitlich müssen auch andere Energien, wie die Orgon-Energie von Wilhelm Reich, um ihren Platz im vereinigten Feld wetteifern. In den Bioenergetischen Orgonomie Theorien über das Leben und das Wetter, eine grundsätzliche Energie, die überall im Universum vorhanden ist, strömt sie durch alle lebenden Wesen und könnte ein Teil zur Lösung der orgasmischen Energie (wie Kundalini) sein und ebenso für das mysteriöse Phänomen der spontanen menschlichen Selbstverbrennung.

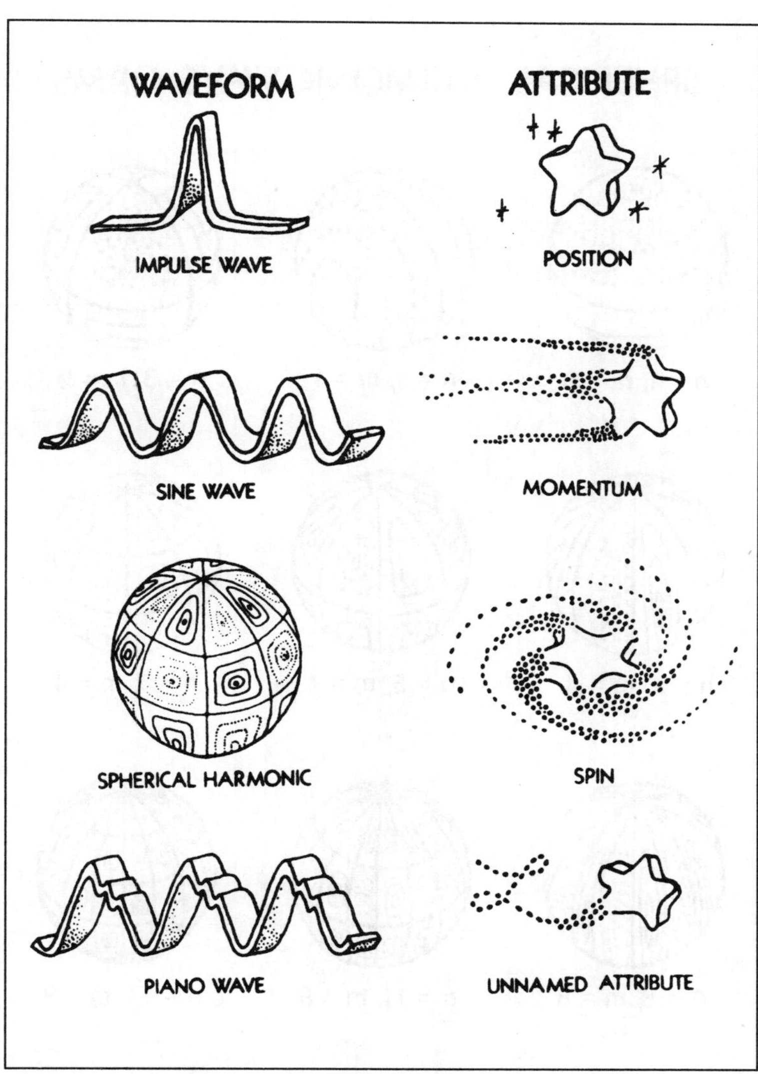

Quanten-Wellenformen und ihre Eigenschaften. Jede Wellenformfamilie entspricht in der Quantentheorie einem physikalischen Attribut - einem universellen Quantenkode, welcher der Schlüssel zu vielen besonderen Verhaltensweisen dieser Theorie ist. Zusammen mit jeder Wellenformeigenschaft findet eine Regel Einzug, die eine Wellenquantität mit einem persönlichen Namen und der Größe ihres entsprechenden physikalischen Attributs verbindet.[2]

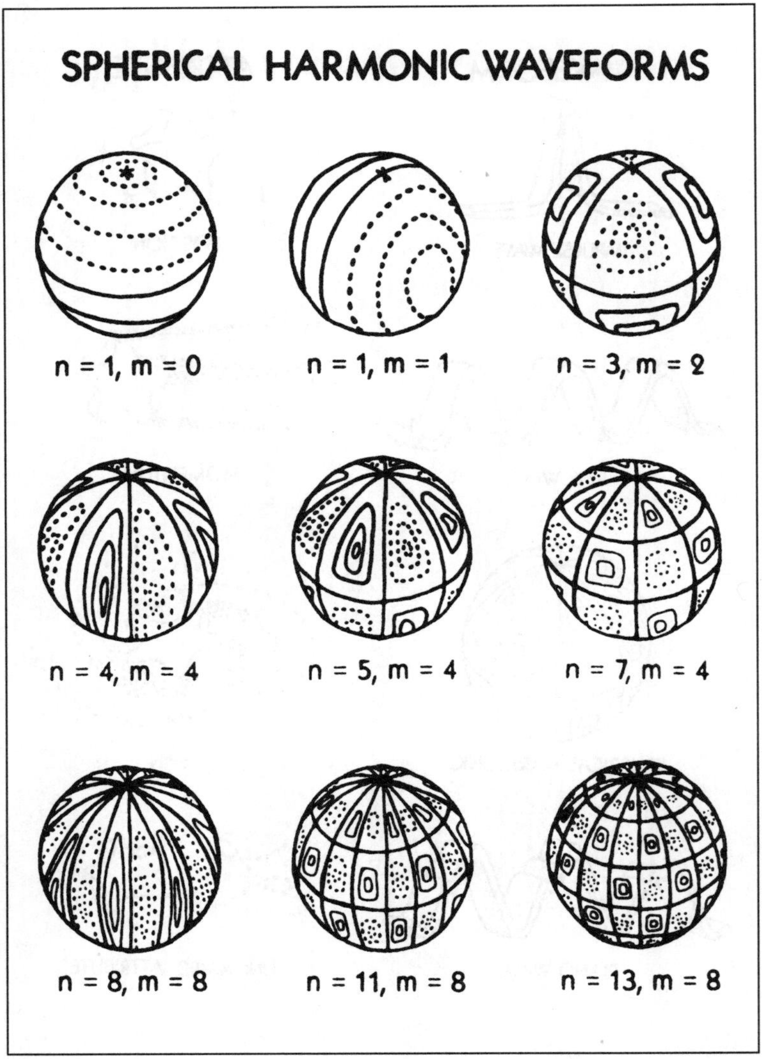

SPHERICAL HARMONIC WAVEFORMS

n = 1, m = 0 | n = 1, m = 1 | n = 3, m = 2

n = 4, m = 4 | n = 5, m = 4 | n = 7, m = 4

n = 8, m = 8 | n = 11, m = 8 | n = 13, m = 8

Sphärisch-harmonische Wellenformen unterscheiden sich durch eine Nummer n, welche ihre Anzahl der Knotenkreise angibt und die Nummer m, welche die Anzahl der Kreise angibt, die durch die Pole der Sphäre gehen. Sphärisch-harmonische Wellenformen scheinen das bestmögliche Modell für ein vereinigtes Feld zu sein, das sich als Wellenform manifestiert, wie bis jetzt beobachtet wurde. *Aus Beyond Einstein*[2]

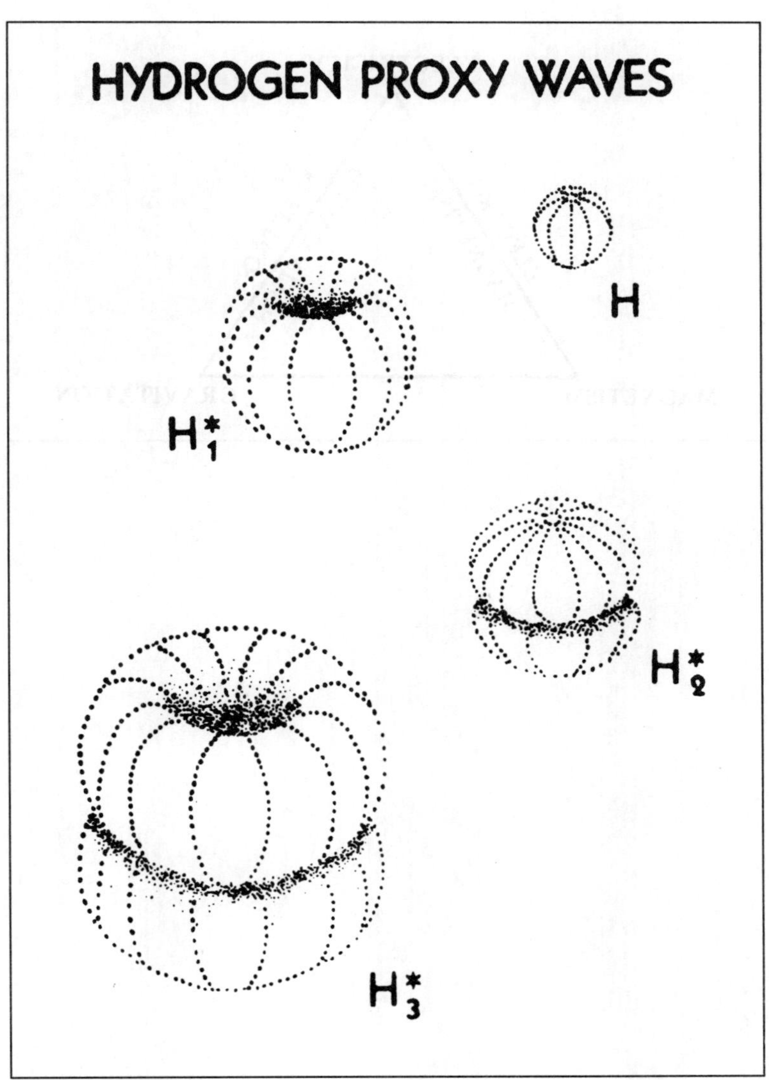

Darstellung verschiedener Zustände des Wasserstoffatoms stellvertretend durch Wellen: Grundzustand (H), der erste angeregte Zustand (H*1), der zweite angeregte Zustand (H*2) und der dritte angeregte Zustand (H*3). Wahrscheinlich die vollständigste Beschreibung eines einzelnen Wasserstoffatoms, sie zeigen daß Toriod- und Vortex-Ringe die fundamentale Basis für den Aufbau des Universums sind. Aus *Beyond Einstein*[2]

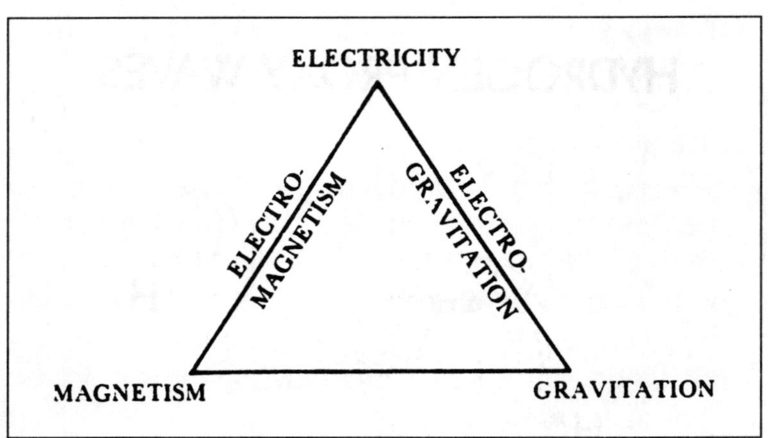
ELECTRICITY
ELECTRO-
MAGNETISM
ELECTRO-
GRAVITATION
MAGNETISM
GRAVITATION

Einstein entdeckt die mächtigste Kraft des Universums

Der allerletzte Schritt zur Erschaffung einer kohäsiven vereinigten Feldtheorie erfordert das Hinzufügen einer der mächtigsten und mysteriösesten Kräfte dieses Universums. In aller Ernsthaftigkeit komme ich zu dem Schluß, daß der letzte noch fehlende Teil jeder vereinigten Feldtheorie die kosmische Liebe ist. Obwohl sich dies für den empirischen Wissenschaftler dumm anhören mag, für den Mystiker ergibt sich daraus einen tiefgreifenden Sinn.

Davies schlußfolgerte, daß das Universum elf Dimensionen hat. In den meisten metaphysischen Lehren besteht das Universum aus verschiedenen Realitätsebenen. Im westlichen jüdisch-christlich-ägyptischen Gedankengut gibt es sieben Existenzebenen (Gott erschuf die Welt in sieben “Ebenen” oder “Tagen”, wie uns in Genesis, dem ersten Buch der Bibel erzählt wird). Gemäß diesem Konzept ist die erste Ebene die körperliche Ebene, bestehend aus dem was grundsätzlich als physikalische Materie bekannt ist, ob es Licht, Felsen oder lebende Organismen sind. Die zweite Ebene ist als die ätherische Ebene bekannt, bestehend aus elektromagnetischen Vibrationen mit einer höheren Frequenz als der von der körperlichen Ebene. Auras und Felder, die mit der Kirlian-Photographie gemacht werden, könnten von dieser Ebene stammen. Die dritte Ebene ist die vermutliche Astralebene, von der gesagt wird, daß Menschen und Tiere dort “Astralkörper” besitzen. Die vierte Ebene wird als die “Mentalebene” oder die Ebene der “Bewußtseinskraft” (=Mind Power; Anm. d. Übers.) bezeichnet. Es ist diese vierte Ebene der Existenz und Kraft, der das vermutliche Kennzeichen zwischen der Menschheit mit Bewußtseinskraft und Tieren, denen die Bewußtseinskraft fehlt, anhängt.

Die fünfte Ebene mit der nächsten Vibrationsfrequenz ist die Engelsebene. Aus diesem Grund sind Engel Wesen, die aus dieser Vibrationsebene stammen. Die sechste Ebene wäre dann die Erzengelebene. Erzengel kommen theoretisch von der sechsten Vibrationsebene. Dies bringt uns dann zu der siebten Existenzebene, dem "siebten Himmel" aus der biblischen Lehre und der göttlichen Natur oder dem himmlischen Gastgeber. Es wird gesagt, daß von dieser siebten Ebene aus sich die *Liebe* als Kraft, eigentlich eine Energie, manifestiert.

In dieser Theorie ist die Liebe eine Energie, die sich von der siebten Existenzebene aus manifestiert und es ist eine Kraft wie keine andere. Wenn diese Meinung korrekt ist, dann können wir erkennen, daß Gott buchstäblich die "Liebe" ist und daß Liebe (im Sinne der göttlichen Liebe und nicht im Sinne der selbstsüchtigen und an Bedingungen geknüpften Liebe, von der unkorrekterweise die meisten Menschen glauben, daß dies die Liebe ist) eine Energie ist, die kontinuierlich durch das Universum als eine reale Kraft strömt. In diesem Glaubensansatz kann die Liebe von einem Individuum "gechannelt" werden, indem man sich einfach auf die Vibration der Liebe einstellt. Liebe umgibt uns überall. Liebe, eine Kraft der siebten Ebene, dem himmlischen Gastgeber, muß einfach nur angezapft werden.

Es scheint nur wenige Zweifel zu geben, daß Mystiker und ebenso Wissenschaftler an die Liebe glauben können. Daß die Liebe der fehlende Bestandteil in einer vereinigten Feldgleichung sein könnte, ist eine Meinung, die nur bei wenigen

Heiterkeit hervorrufen wird oder daß deshalb die Augenbrauen hochgezogen werden, aber sie löst bei einigen Menschen Nachdenklichkeit aus.

Vielleicht liegt eines der Geheimnisse der Levitation darin, daß die Anwenderin oder der Anwender ihre bzw. seine spirituelle Vibration erhöhen muß, damit sie zu derjenigen der siebten Ebene paßt, der puren Liebe, eine Art von Selbstlosigkeit - ergebene Hingabe - Energie. Es ist diese fantastische Energie, die das Universum kontrolliert, eine Energie, die sich von der uns unbekannten himmlischen Ebene aus, von Gott selbst, von Tao oder von etwas, was wir nicht wissen oder aussprechen können, manifestiert. Eine Energie, die eine Quelle hat und sogar überall vorkommt und kann in einen biologischen Organismus wie den menschlichen Körper hineingeleitet werden.

Während wir vielleicht in der Lage sind Gleichungen zu schreiben, welche die Verwandtschaft zwischen Elektrizität, Magnetismus, Gravitation und der nuklearen Kraft aufzeigen, könnte es gerade jene Liebe sein, die sich als eine Kraft von der siebten Existenzebene manifestiert, die allen Versuchen, sie in eine wissenschaftliche Formel zu integrieren, entzieht. Während die Liebe vielleicht die mysteriöseste aller Kräfte (einschließlich der Gravitation) bleibt, bleibt das Potential, das vereinigte Feld in die Praxis umzusetzen in einfacher Reichweite, falls es noch nicht von der wissenschaftlichen Gemeinde vollendet worden ist (offensichtlich im Geheimen). Um Albert Einstein zu zitieren "Die Gravitation kann nicht dafür verantwortlich gemacht werden, daß die Menschen bei der Liebe versagen." Die Gravitation kann vielleicht tatsächlich nicht verantwortlich gemacht werden, aber das vereinigte Feld!

1) Einstein, His Life and Times, Philipp Frank, 1947, Knopf, NYC
2) Beyond Einstein, Dr. Michio Kaku & Jennifer Trainer, 1987, Bantam Books, NYC
3) Superforce, Paul Davies, 1984, Simon & Schuster, NYC

weitere Quellen:
- Relativity; The Special & the General Theory, Albert Einstein, 1920, Methuen, London.
- Ideas and Opinions, Albert Einstein, 1954, Bonanza Books, NYC.
- The Universe and Dr. Einstein, Lincon Barnett, 1948, Sloan & Co., NYC.
- Einstein, The Life and Times, Ronald W. Clark, 1971, World Publishing Co., NYC.
- Einstein's Universe, Nigel Calder, 1979, Viking Press, NYC.
- Time Warps, John Gribbin, 1979, Dell Publishing, NYC.
- Quantum Reality, Nick Herbert, 1985, Doubleday, Garden City, NY.
- The Particle Connection, Christine Sutton, 1984, Simon & Schuster, NYC.

Die Vortex-Arena

von

John Walker

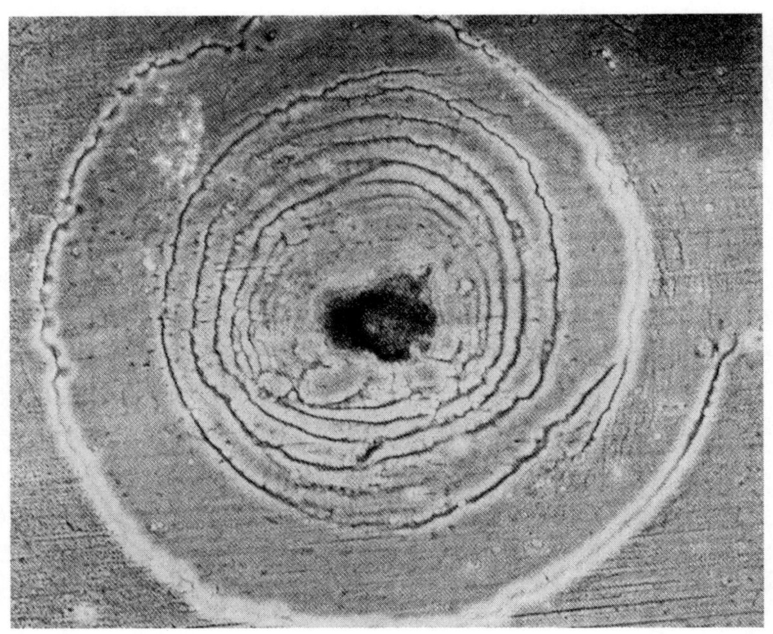

Dieses Foto stammt aus einem Labor der Universität von Sydney (Neu-Süd-Wales, Australien) und wurde gegen Ende 1986 aufgenommen. Dieses Foto wird als geschichtliches Ereignis angesehen, da es das Niedrigenergie-Spiralfeld zeigt, welches den Kohlenstoffpartikel umgibt. Der Partikel war auf ein Polymer-beschichtetes Dia aufgebracht worden. Polymere werden von Wissenschaftlern als Ersatzstoffe für menschliche Zellen verwendet. Sie können als sensitive Filmemulsion verwendet werden und deshalb ein physikalisches Ereignis festhalten - in diesem Fall, daß ein zuvor unentdecktes Feldmuster diesen Kohlenstoffpartikel umgibt. Es wird angenommen, daß Energie in diesen Spiralen fließt. Dieses Foto wird als Beweis für die Unterstützung der *vereinigten Feldtheorie* angesehen, von der Einstein, neben anderen, annahm, daß sie die Basis des physikalischen Universums ist. Alte Hindu-Traditionen besagen, daß diese Lebenskraft, die als Sakti oder als 'Energie der Götter' bekannt ist, in Form von Spiralen materialisiert und mit sich die Käfte der Anziehung und der Abstoßung bringt. Foto und Beschreibung freundlicherweise von Mark Balfour zur Verfügung gestellt, aus seinem Buch ***Sign of Serpent*** (1990).

Es gibt dieses merkwürdige Dokument, welches in den 50er Jahren aus dem alten indischen Sanskrit in die englische Sprache übersetzt wurde, das "VYM-AANIKA - SHAASTRA" oder auch "Wissenschaft der Luftfahrt", ein Dokument, das im 4. Jahrhundert v. Chr. geschrieben wurde, und obwohl es tausende von Jahren alt ist, beschreibt es Flugobjekte aus jener Zeit. Wir haben hier eine Art von Pilotenhandbuch von mindestens vier verschiedenen Arten von Flugobjekten, die Vimanas genannt werden. Im Inhalt werden solche Dinge wie Flugrouten, Flugzeugteile, verschiedene Metallarten für die Flugobjekte, Energiearten und interessanterweise sogar "STRUDEL" oder Wirbel beschrieben, auf welche die Piloten zu achten hatten. Auszug:

> "Aavartaas oder örtliche Wirbel kommen in der über uns liegenden Region zahllos vor. Es gab fünf Wirbel entlang den Routen der Vimanas. In der Rekhapathha erscheint "Shaktyaavarta" oder der Energiewirbel. In der Mandala - pathha erscheint der Wirbel der Winde. In der Kashyaa - pathha erscheint Kiranaavarta oder Wirbel der Sonnenstrahlen. In der Shakti - pathha erscheint shytyaavarta oder der Wirbel der kalten Strömungen. Und in Kendra - pathha erscheint gharshanaavarta oder der Wirbel der Kollision. Da sich solche Wirbel für Vimanas zerstörerisch auswirken, müssen sie sich davor hüten.
>
> Der Pilot muß diese fünf Gefahrenquellen kennen und muß lernen sicher um sie herumzusteuern."

Im alten Indien waren die Schreiber des Wissens sorgfältig bei der Beobachtung jeder Art von

Veränderung, jede Art der Fließmuster - Stillstände - und Bewegungen, um auch jeden noch so kleinen beobachteten Effekt zu beschreiben, auch wenn die Ursachen nicht wahrgenommen werden konnten. Oft beschrieben sie Dinge sogar bis ins Detail, die jenseits der fünf Sinne waren. Es scheint so, als ob ihre Wissenschaft mehr auf Erfahrung anstatt auf Spekulation beruhte.

Das Wissen der Indianer

Die Indianer Nordamerikas fertigten Medizinräder, Kivas (Zeremoniestruktur der Pueblo-Indianer, die gewöhnlich rund und teilweise im Untergrund sind,Hopi; Anm. d. Übers.) und geheiligte Kreise an, manchmal mit einem Stein oder mit mehreren Steinen in der Mitte. Die Mauern des Hopi-Kivas sind rund. Während des heiligen Schlangentanzes rezitieren die Teilnehmer Worte, welche offenbaren, daß das Kiva weit mehr als ein Steinkreis oder eine Mauer auf der Oberfläche ist, daß es mehr ein *Verbindungspunkt* der miteinander verwandten Kräfte über und unter der Erdoberfläche ist. Die Tanzrichtung auf dem amerikanischen Kontinent geht in die eine Richtung, während die Tänzer auf der anderen Seite des Globus ihn entgegengesetzt umrunden. Die Tanzrichtung ist primär dafür bestimmt, damit das wahrgenommen werden kann, was schon da ist - ein oder mehrere Wirbel. Unsichtbare Wirbel.

Manchmal wird der Tanz durchgeführt, um einen zuvor nicht existierenden Brennpunkt zu erschaffen und manchmal um ein unerwünschtes Muster aufzulösen, damit die Kräfte der Natur im Himmel und auf der Erde wieder ausgeglichen werden. Nach Aussagen sowohl der Hopi-Indianer als auch der Zuni-Indianer dehnt sich die Kiva in die Erde als umgedrehter Energiekegel aus.

Stammesälteste der Hopi's glauben, das es ein Sehen von Dingen gibt, was nicht erklärt werden kann. Es gibt in den spirituellen Zentren Schreine, welche die Marksteine für die spirituellen Routen sind, die sich in alle vier Himmelsrichtungen bis zu der jeweiligen Küste des Kontinents ausdehnen. Sie glauben, daß es durch ihre Zeremonien möglich ist, die natürlichen Kräfte zusammenzuhalten. Sie glauben, daß ihre Gebete alle Teile der Erde erreichen. Dies sind die heiligen Stätten, wenn man die Ruhe stört, verursacht man ein Ungleichgewicht in der Speiche des "Großen Rades".

So wie ich es verstehe, sind viele der Hopi-Schreine, die Brennpunkte ihrer Gebete und Rituale, entweiht worden. Das sensible Netzwerk der Kraftfeldlinien, die über dem Mesa-Land ausstrahlen, um mitzuhelfen, den Energiehaushalt des Planeten harmonisch zu stabilisieren, ist unterbrochen und beschädigt worden. Ich frage die Leserin / den Leser, wie kann es möglich sein, daß etwas, was wir nicht sehen können, etwas so großes wie diesen Planeten beeinflußen kann? Wie war es den Soldaten möglich, die tagelang um die Mauern von Jericho herummarschierten, dann anhielten und ihre Trompeten bliesen, dieses Befestigungswerk in Schutt zu verwandeln? Eine Art von UFO wurde gesehen, das über das Wasser schwebte und Augenzeugen berichteten, daß Wasser sich nach oben in Richtung zu der Unterseite des Flugobjektes bewegte. Das Wasser *wirbelte* herum und bewegte sich nach OBEN! Was verursacht dies? Wie konnte das Flugobjekt eine umgekehrte Wasserhose erzeugen?

Wir werden einen Blick auf all diese und weitere Dinge werfen und es wird klar werden, was diese Dingen gemeinsam haben, tatsächlich stehen wir mitten im vereinigten Feld innerhalb der Vortex-Arena.

Definition und Annahme

Nach der Meinung von Herrn Webster ist ein Vortex “eine wirbelnde Bewegung einer Flüssigkeit, die einen Hohlraum in ihrem Zentrum bildet - ein Wirbel, ein Wirbelwind.” Wenn wir uns nun den Äther als eine Art von Flüssigkeit vorstellen und annehmen, daß die Gravitation von außen zum Zentrum des Partikels, des Planeten oder was auch immer fließt - dann ist es bei einem Tornado so, als ob die Wasser des Äthers in die Erde hinab fließen. Gravitation ist nur ein Name für ein Fließvorgang. Lassen Sie sich nicht von dem Namen herunterziehen, er nimmt uns auf seinem Weg zum Zentrum mit sich (oder versucht es), schiebt durch uns hindurch, wie es schon immer war.

Einmal dachten viele Leute, daß es so wäre, aber irgendwo sagte jemand, daß es wohl doch nicht so einfach sein könnte. Ich denke, daß Newton dies sehr klar ausdrückte, als er den Effekt erklärte “und der Apfel fällt, ALS OB er von innerhalb der Erde angezogen würde.” Er sagte nicht “WEIL”, er sagte “als ob” und heutzutage verhalten sich die Wissenschaftler so, als ob er weil gesagt hätte. Und Junge, dies verursacht bei einigen Mathematikern erhebliche Kopfschmerzen. *Es ist eine Annahme, daß die Masse mit ihrer eigenen Gravitation zieht.*

Nebenbei angemerkt, ich möchte hier hervorheben, daß Äther DAS IST, was Materie NICHT IST. Manchmal WIRD ES “Raum” genannt oder “Leere”, “virtueller Zustand”, sogar “Nullpunkt-Energie”, aber eine Rose ist eine Rose und es verändert immer noch nicht die Tatsache, daß ein Qubikzentimeter von Flüssig-Äther genug vibrierendes

Rohpotential enthält, um die Substanz für eine oder zwei Galaxien zu sein, Planeten und Monde mitgerechnet - ohne zusätzliche Forderungen.

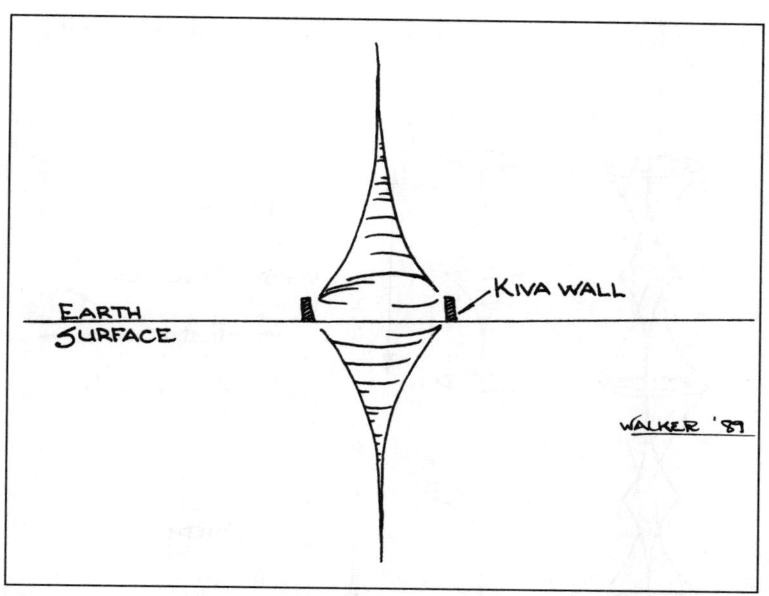

Indem die Indianer runde Mauern oder KIVAS an bestimmten Stellen der Erde aufbauen, erschaffen sie heilige Stätten, damit sie dadurch ihre Gebete senden können.

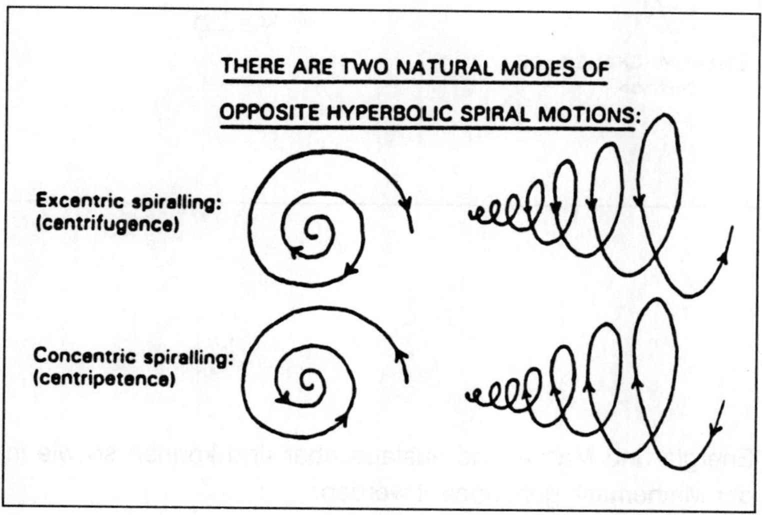

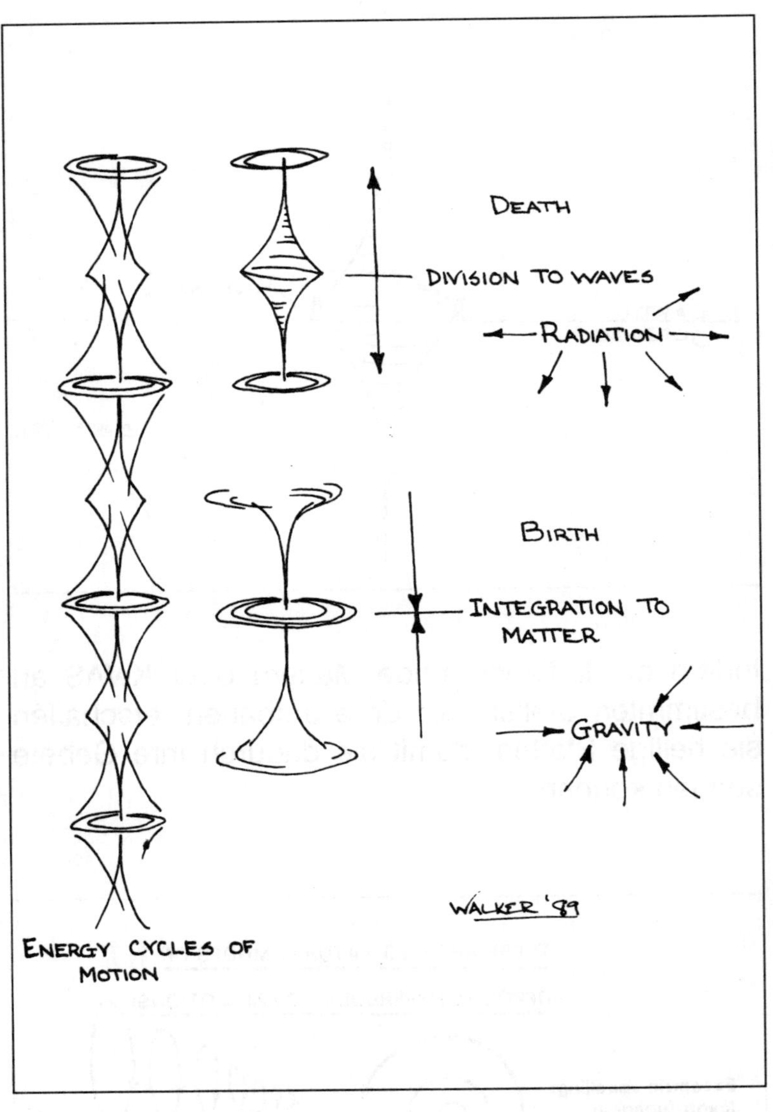

Energie und Masse sind austauschbar und können so wie in der Mathematik gehandhabt werden.

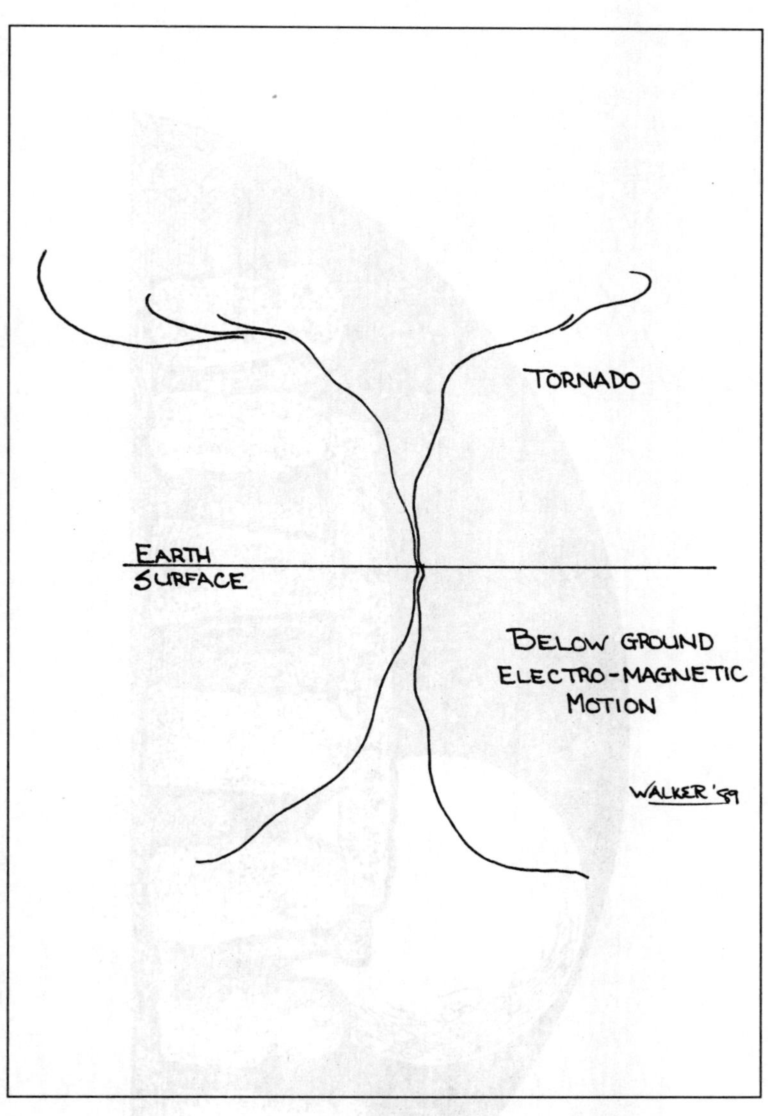

Ein Tornado hat seine Auswirkungen sowohl oberhalb als auch unterhalb der Oberfläche.

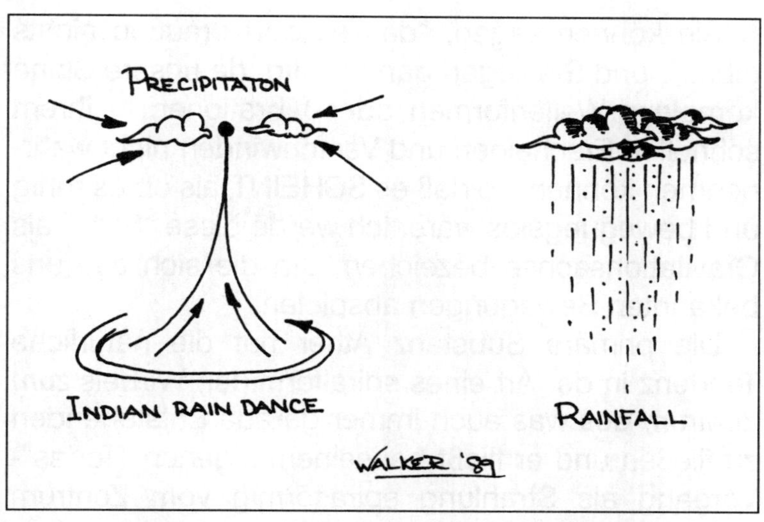

Regentanz - Indem die Indianer in einer spezifischen Weise im Kreis tanzen erzeugen sie einen Brennpunkt, der die Wolken über ihnen zusammenzieht. Regen ist das Resultat ihrer Bemühungen.

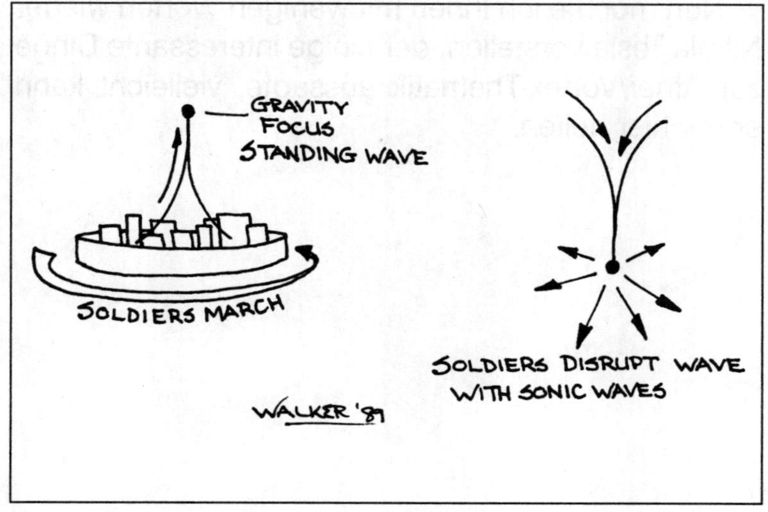

Dies könnte genau so gut die Art und Weise gewesen sein, wie die Soldaten die Mauern von Jericho zum Einsturz brachten.

Sie können sagen, "daß es dort draußen nichts gibt...", und Sie liegen ganz richtig, da unsere Sinne komplexe Wellenformen oder Vibrationen in ihrem schnellen Erscheinen und Verschwinden nicht wahrnehmen können, so daß es SCHEINT, als ob es ruhig und bewegungslos wäre. Ich werde diese "Stille" als Gravitationsachse bezeichen, um die sich alle uns bekannten Bewegungen abspielen.

Die primäre Substanz Äther hat die natürliche Tendenz in der Art eines spiralförmigen Wirbels *zum Zentrum* des was auch immer gerade Entstehenden zu fließen und er fließt bei seinem eigenen "Todes"-Vorgang als Strahlung spiralförmig vom Zentrum WEG. Der lokale Geburt - Tod -Geburt Zyklus einer Galaxie in der Größe eines Atoms drückt seine "Zeitlinie" im Bruchteil einer Sekunde aus. Der relative Geburt - Tod - Geburt Zyklus eines Atoms in der Größe einer Galaxie drückt seine "Zeitlinie" in Milliarden von Jahren aus.

Nun möchte ich Ihnen mit wenigen Worten wieder Nikola Tesla vorstellen, der einige interessante Dinge zur Äther/Vortex-Thematik aussagte, vielleicht kann er mir hier helfen.

Tesla diskutiert den Äther

In einem Artikel der New York Times vom 21. April 1908, 5. Seite, 6. Spalte mit dem Titel "How the Electrician's Lamp of Aladdin May Construct New Worlds" (=Wie die elektrische Lampe Aladdins neue Welten errichten könnte; Anm. d. Übers.) spricht Herr Tesla über das menschliche Beherrschen des physikalischen Universums indem man bestimmte Theorien aufnimmt und sagt aus:

"Jedes wägbare Atom wird von einem zarten Fluid unterschieden, das den Raum gänzlich durch wirbelnde Bewegung ausfüllt, wie ein Wasserwirbel in einem stillen See. Indem dieses Fluid, der Äther, in Bewegung versetzt wird, entsteht daraus grobstoffliche Materie. Wenn die Bewegung aufhört, kehrt die primäre Substanz in ihren normalen Zustand zurück."

Der normale Zustand ist der "Ruhezustand" wo die Strahlung der Zeitlinie als Materie folgt. Er beobachtete folgendes:

"Es scheint so, daß es Menschen einmal möglich sein könnte, durch nutzbar gemachte Energie des Mediums mit passender *Wirksamkeit* den *Ätherwirbel auszulösen oder anzuhalten* um dadurch Materie entstehen und auch wieder verschwinden lassen zu können. Auf unsere Anweisung könnten so, ohne größere Bemühungen, alte Welten verschwinden und neue entstehen. Wir könnten die Größe dieses Planeten verändern, seine Jahreszeiten kontrollieren, die Entfernung zur Sonne festlegen, ihn auf eine ewige Reise entlang eines gewählten Weges durch die Tiefen des Universums führen. Wir könnten Planeten kollidieren lassen und könnten unsere Sonnen und Sterne erschaffen, ihre Hitze und ihr

Licht und wir könnten Leben in all seinen unendlichen Formen entstehen lassen. Es wäre die größte Tat der Menschheit, wenn sie die Entstehung und den Tod von Materie auslösen könnte, da dies der Menschheit die Beherrschung der physikalischen Erschaffung geben würde und dadurch könnte die Menschheit ihre ultimative Bestimmung erfüllen."

Danke schön Herr Tesla!

Siehe auch:

Nikola Tesla, Sein Werk
6 Bände leinengebunden
240,—
ISBN 3-89539-247-2
eine limitierte Rarität.
(keine Bücher über Tesla, sondern von Nikola Tesla)
Erhältlich: Edition Nikola Tesla
c/o Michaels Verlag
Sonnenbichl 12
86971 Peiting

Unter gleicher Anschrift
erhalten Sie dort ab Frühsommer 1998
auch das ca. 800 Seiten Werk
Nikola Tesla: Seine Patente
DM 148,—
ISBN 3-89539-246-4

Gravitationsableitung

Dies ist ein guter Zeitpunkt, um Ihre Aufmerksamkeit auf einen anderen Faktor zu lenken, den man betrachten sollte, wenn man sich in der Vortex-Arena bewegt. Dieser Faktor ist der lokale Vortex-Ausdruck der Erde, den wir als elektrisch/magnetisch bezeichnet haben, was zur Folge hat, daß die Forscher ihn als zwei separate Daseinsformen sehen, wenn es in Wirklichkeit besser wäre diesem einen "ersten Ableitungs-" (ersten beobachtbaren) Effekt von einem singularen Äther-wie-Gravitation in Bewegung zu geben. Auf diese Weise sind die elektrischen/ magnetischen, oder in physikalischen Begriffen, der "H"-Vektor (elektrischer Empfänger in negativen OHM) und der "E"-Vektor (EMF der magnetischen Induktion, Linien pro Sekunde) sind die getrennten Abkkömmlinge der gemeinsamen Eltern, UND diese siamesischen "H und E" Zwillinge füllen den GLEICHEN Raum zur GLEICHEN Zeit im Bereich von geometrisch wunderbaren 90 Winkelgraden aus.Bei dem gleichen Raum muß ich klarstellen, daß sie sich überschneiden und örtlich den *gleichen Raum* ausfüllen und es ist natürlich relativ zu höheren oder niedrigeren Ableitungen - Hurrikane, Galaxien, Chakras (was drehendes Rad bedeutet), ein Pflanzentrieb, der drehend aus dem Boden herauskommt, Wasser, daß den Abfluß hinunterfließt ... schauen Sie sich um, die Vortex-Bewegung ist in allem enthalten.

Nicht nur das, jemand hat irgendwann einmal diese Pyramiden- und Stonehenge"Rätsel" gebaut, sich voll den innewohnenden Bewegungen bewußt, so konnte dieser Effekt überall angewandt werden, während wir hier in unserem Feld *draußenstehen* und zuschauen, wie das Gras wächst.

Lassen Sie uns unseren zweiten Blickwinkel benutzen und beobachten, was während des intensiv emotional geladenen heiligen Tanzes erschaffen wird. Leben ist Bewegung und Bewegung entsteht als eine Ableitung von Gravitation-kommt-Äther. Nun möchte ich ganz nachdrücklich die Aussage machen, daß alles, was sich hier physikalisch bewegt, ob es nun Ihre Hand durch die Luft ist, ein unterirdischer Wasserstrom oder ein vorbeifliegendes Flugzeug - erzeugen durch die Bewegung eine Art von spiralförmiger Spule um sich herum, so lange sie sich bewegen. Dies SIND KEINE Luftströmungen, sondern eher *Strömungen des elektrischen Potentials* (Ihr Körper ist komprimierte Elektrizität) und die *Schnelligkeit des Potentials*, die sich überlagern, um das zu erzeugen, was Vektor genannt wird.

Wenn man mit der Idee spielt stehende Wellen in einem Vektor zu erzeugen und sie mit den Vektoren anderer stehender Wellen überlagert, dann hat man eine Art von pumpender Welle/schiebend-ziehenden Gravitationsachseneffekt, der von Tesla erwähnt wurde.

Oben wie unten

Die Indianer benötigen nichts von all diesem mathematischen Zeug, da sie dies vielleicht aus ihrer Vergangenheit her schon wußten oder vielleicht war es einfach nur *Intuition*, daß man dann, wenn man im Kreis auf der Erde herum geht eine stehende Welle erzeugt, eine Art von stationärem Vortex der in den Himmel *hinaufsteigt* und ebenso in die Erde *hinuntergeht.* Man kann erkennen, daß die Erde als eine Art von Spiegel an ihrer Oberfläche wirkt, so daß alles, was sich nach oben ausdehnt, ob es nun ein physischer Turm oder eine elektrische Welle ist, es dehnt sich genauso nach unten aus. Wenn Sie im Wald spazieren gehen, dann läuft ihr negatives *Körperpotential* kopfüber unter ihren Fußsohlen mit. Ich habe einige Wünschelrutengänger kennengelernt, die sich dieser Tatsache bewußt sind und dieses sich bewußt sein verstärkt diesen Effekt.

Läßt sich daraus schließen, daß das, was existiert oder in der Erde begraben ist, als positives Potential nach oben gespiegelt wird, obwohl wir es nicht sehen können? Ich bekenne, daß ich dies annehme. Zurück zu unseren Freunden, den Indianern. Wenn unsere Freunde alles über Ley-Linien und irdische Gitterpunkte wissen, was sie durch die vier Himmelsrichtungen (eigentlich gibt es viel mehr als vier, wenn man die dazwischenliegenden Richtungen hinzu nimmt, aber die vier - Nord, Süd, Ost, West - Richtungen decken das allgemeine Grundwisssen ab, das überall bekannt ist), dann wissen Sie auch, daß bei der Erschaffung von etwas, das *vertikal* zur Oberfläche steht, sich dieses mit etwas *horizontal* unter der Oberfläche verbindet - Sie können raten - 90 Winkelgrad. Sie sind eingebunden. Dies ist der sogenannte rechte oder korrekte Winkel. Haben wir es schon vereinigt? Wir können diesen ganzen 90-Grad Aspekt mit ganz gewöhnlichem Schulwissen aus dem Physikunterricht aufzeigen um zu sehen, wie das Vortex Prinzip von der *kleinsten* bis zu der *größten* Bewegung angewandt wird.

Wir ziehen einen Draht durch die Mitte eines Blattes Papier und halten ihn oben und unten fest. Wenn man dies nun vertikal festhält, dann muß jemand das Papier etwa in die Drahtmitte hochheben und es horizontal, also in einem 90 Grad Winkel zum Draht ausrichten.

Dieses Papier in unserem Beispiel ist unsere ÄTHEREBENE oder FELD auf das wir frei Eisenpulver verteilen, das unsichtbare und komplexe, sich schnell bewegende *Wellenmuster* darstellen soll. Es gibt hier keine Ordnung, wie wir hier wahrnehmen können, trotzdem GIBT es ein unermeßliches Potential und während Sie sich nun darüber wundern, verbindet Ihr Freund die beiden Enden des Drahtes und schaltet dadurch die Kraft ein. Nun entsteht Bewegung in dem Draht (und in Ihrem Körper, falls Sie ihn fest mit Ihren Händen halten) und wie ich schon gesagt habe, alle Bewegung - in diesem Fall durch den Draht - erzeugt eine spiralförmige Spule. Wie können wir das wissen?

Schauen Sie vom oberen Teil des Drahtes auf das Papier hinunter. Das Eisenpulver ist durch ein simples Experiment in eine kreisförmige Ordnung um den Draht gebracht worden. Selbst wenn Sie mehrere Papierblätter übereinander anordnen, werden Sie die kreisförmige Bewegung auf der ganzen Länge finden können, auf die Enden hin spitz zulaufend, d. h. kleiner werdend, wo die Bewegung, die Elektrizität, in den Draht eintritt oder hervorkommt.

Sie können den Draht nun loslassen. Sie werden auch feststellen, daß das Eisenpulver im Kreis zum Draht hin spärlicher wird. Warum? Da wir gerade einen *Miniatur-Hurikan* geschaffen haben und wie jedermann weiß ist es im Auge des Sturmes ruhig.

Dies ist eine wichtige Erkenntnis, da sie sich auf alles bezieht, was Bewegung haben kann. Damit Bewegung existieren kann, muß es einen zentrierenden Faktor geben. Dieser Faktor ist der Brennpunkt der Gravitation, auf den sich *Wellen als Gravitation* zubewegen.

Ich möchte hier nun nicht in die Details gehen, warum der Draht warm wird, da seine Atome versuchen nach *außen* vom Zentrum seines "Auges" zu explodieren, wenn man genug Energie hineinfließen läßt, wird er seine Partikel in Form von geringer (infraroter) Strahlung ausstrahlen, die unsere Sinne als Hitze und Licht wahrnehmen.

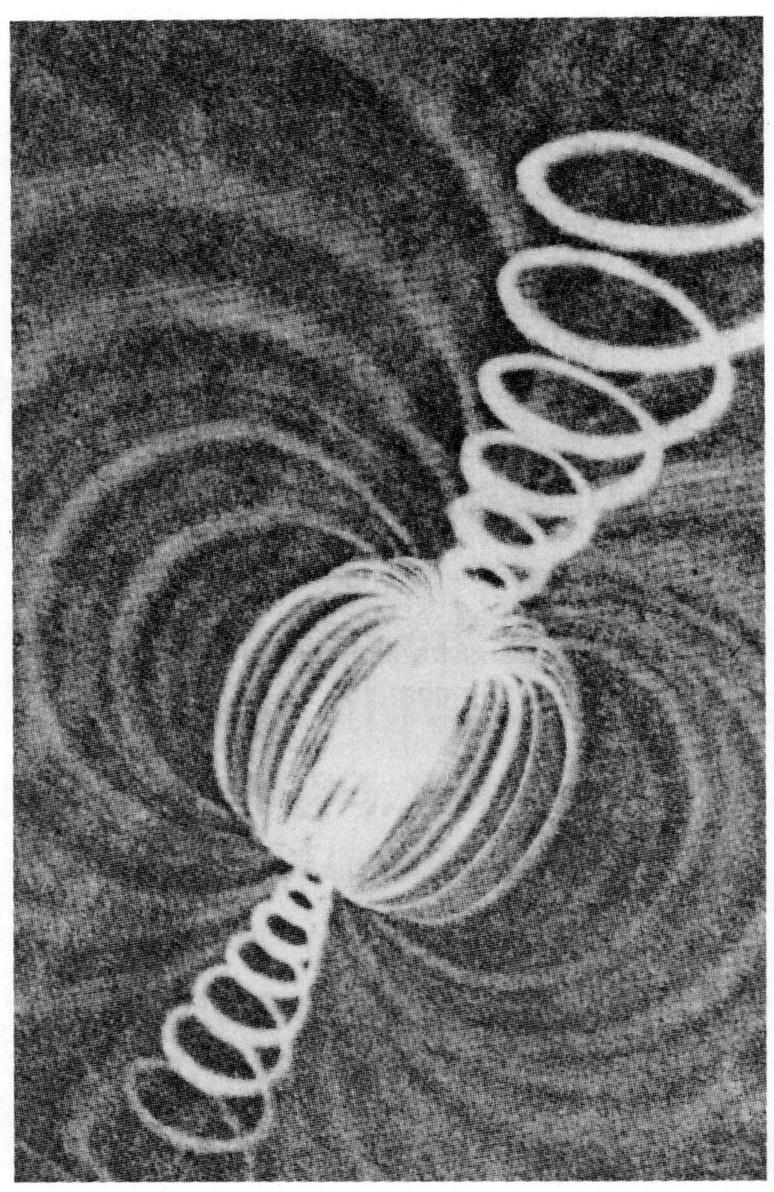

Dies kommt dem ziemliche nahe, was wir sehen würden, wenn Wellenenergie ein Materiepartikel wird.

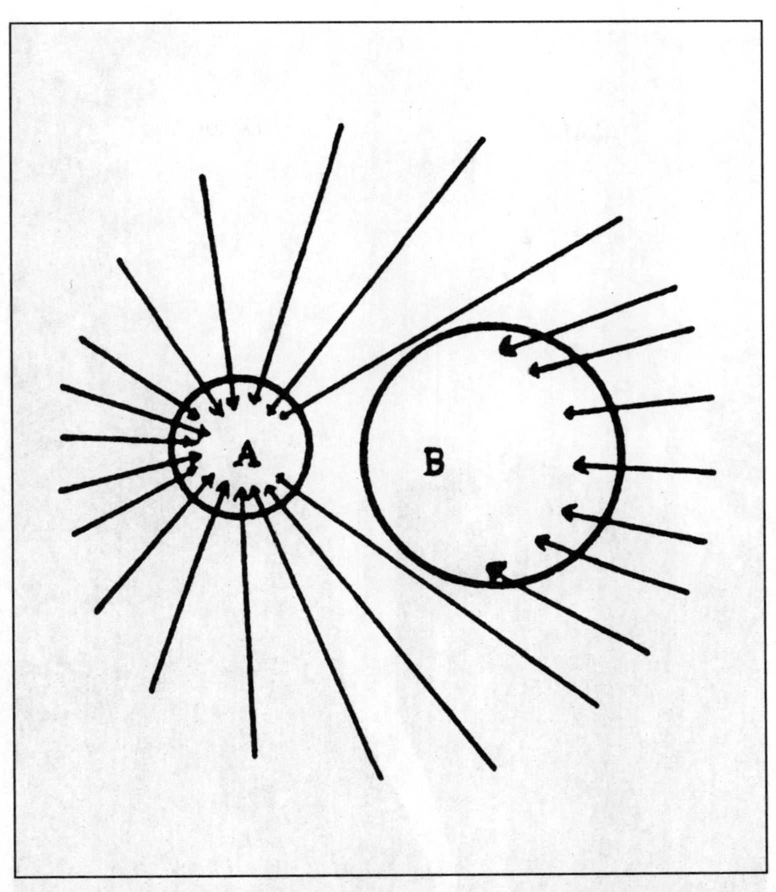

(Quelle der Skizze: Kinetic Space and its Speculative Consequences von Dr. R. M. Manley = Kinetischer Raum und seine spekulativen Konsequenzen; Anm. d. Übers.)

Zwei planetarische Spären agieren als Brennpunkte für Gravitationswellen. Wenn sie einander nahekommen, wird die lokale Gravitation zwischen ihnen etwas gepuffert. Das Resultat ist das, was als Anzeihungskraft erscheint.

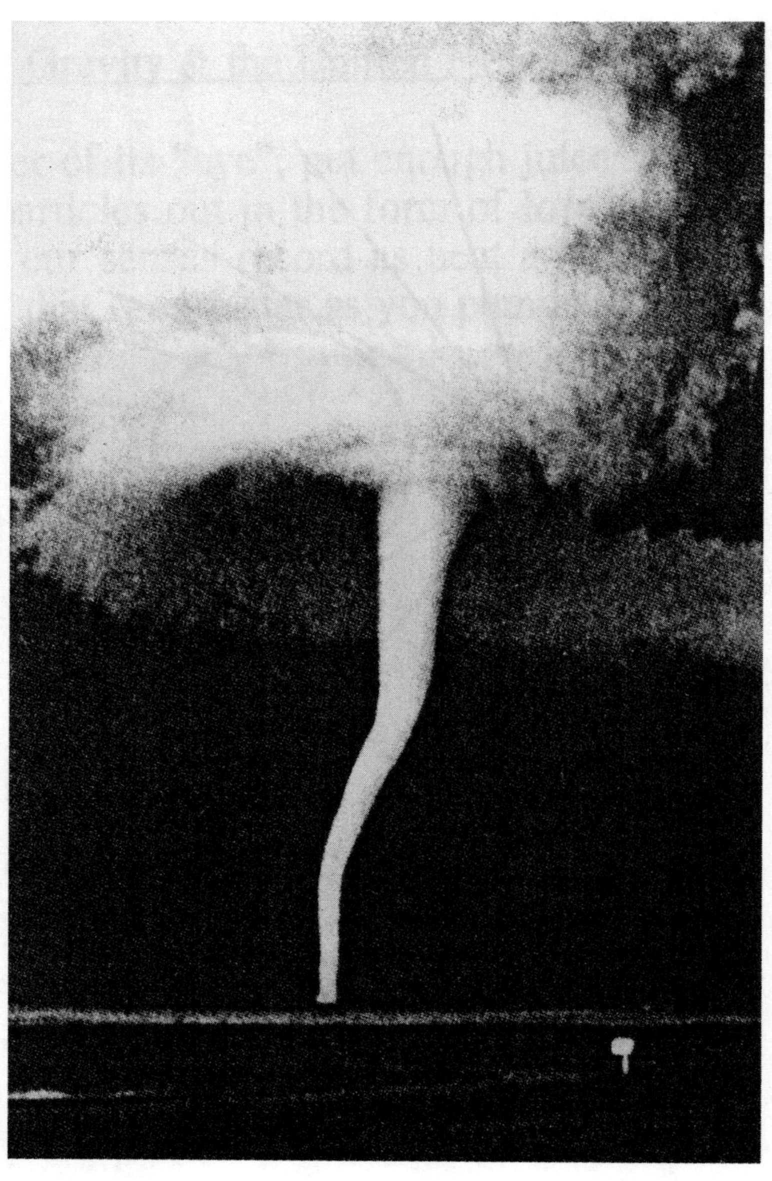

Dieses Foto eines natürlichen Gravitations-Vortexes, als Tornado, kann in einem kleineren Maßstab im Labor reproduziert werden.

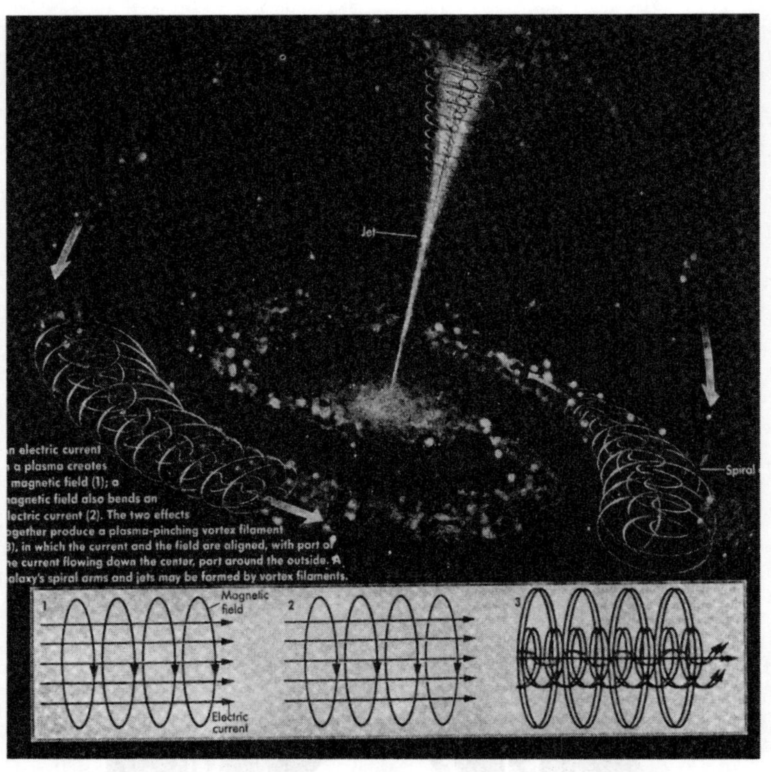

Die Wissenschaftler werden sich der Rolle der Spiralen und Vortexe mehr bewußt, die diese bei der Erzeugung von Materie vom Atom bis zur Galaxie spielen.

Erinnern Sie sich an die Spielzeuge (Kreisel), bei denen sich das Oberteil schneller drehte als man den Griff auf und ab pumpte? Dies ist genau das, was sich in unserem Draht abspielt, nur daß sich ein elektromagnetisches Feld dreht, welches sich aus den Elektronen des Drahtes zusammensetzt, die sich in einem ruhigeren Zustand dichter in dem Draht befinden. Der Draht “stirbt” zentrifugal und geht nach außen, wo die Strahlung dessen, was zuvor “solider” Draht war, nun in das Ätherfeld in Form von Wellen eintritt. Aus dem, was sie zuvor waren, wurden sie Partikel auf diesem großen Partikel, den wir Erde nennen.

Überall in der Natur gibt es Bewegung, Ruhe und die Differenz der Potentiale, die nach *Ausgleich durch Bewegung suchen.* Muß man zentriert sein, um ruhig zu sein? Hat das menschliche Auge nicht eine Öffnung, welche von Farbe umgeben ist? Das Zentrum ist die Achse des kosmischen Rades.

Legende oder Erklärung?

Eines Tages schlug ihr Führer einigen seiner Soldaten vor zu einem Ort zu gehen, der Jericho genannt wurde. Die meisten von ihnen haben sich wahrscheinlich gewundert, warum sie um diesen Ort herum marschieren sollten, da sie es gewöhnt waren wie die Verrückten zu kämpfen, um irgend etwas zu erreichen. Dieser Führer erhielt wohl den Befehl ein großes Achsenpotential vom Zentrum Jerichos her entstehen zu lassen und von der kreisförmigen Ebene ihres Marsches würde das Potential aufsteigen.

Sie können sehen, daß man die Achse direkt von oben oder unten wie einen Draht aufladen kann, ODER man kann die Achse von außen durch einen sich bewegenden Ring aufladen.

Aus diesem Grund marschierten sie und erzeugten ein großes Energiepotential oberhalb von Jericho. Unsichtbar, aber dicht und steil abfallend und wie ein umgedrehter Tornado sich zum Himmel erhebend. An diesem speziellen Zeitpunkt mußten sich die Einwohner Jerichos leichter gefühlt haben, da die Gravitation weit über ihren Köpfen einen Brennpunkt gebildet hatte.

Die Führer erhielt auch die Nachricht, falls sie all dies durchführen würden und einfach weglaufen würden, dann würde sich das große Energie potential langsam abbauen und sie würden weiterhin draußen im Feld stehen und zuschauen, wie das Gras wächst. DIE TROMPETEN! Sie hatten ihre Trompeten mitgebracht, aber nicht für den Mardi-Gras, sondern eher um den Energieabfluß schlagartig zu beschleunigen. Sie bliesen sich ihr Herz aus dem Leib. Es gibt zwei Dinge, die Auswirkungen auf jede und alle Materie haben, die Gravitation und die Schallwellen. Der Führer gab den Befehl an Jericho weiter, dann schnellte das Gummiband zurück zur Erde um wieder in den gleichen Ruhezustand wie zuvor zu kommen und die Soldaten, die dies von außerhalb beobachteten hatten, hatten nun etwas, was sie nach Hause schreiben konnten, obwohl ich nicht glaube, daß sie es wie folgt bezeichneten: "Der lokalen Gravitationsstreß-Erzeugung folgte eine spontane Zerstörung durch Schallwellen, die auf die Ebene der örtlichen Gravitationsbasis ausgerichtet waren." Abgesehen davon, wer hätte ihnen diese Geschichte abgenommen?

Mehr als nur Theorie

Es gibt ein Buch mit dem Titel "Reality Revealed - The Theory of Multidimensional Reality" (=Realität offenbart - Die Theorie der multidimensionalen Realität; Anm. D. Übers.) das 1978 veröffentlicht worden ist (bei Vector Associates), in dem Dinge wie Pyramidenenergie, Elektrizität, Gravitation, Polsprünge, psychische und andere unerklärliche Phänomene logisch erklärt werden. Im Einführungsbereich wird ausgesagt, daß unter bestimmten Rahmenbedingungen die örtliche Realität einer Wahrheit ausgedehnt werden kann und dann eine andere lokale Realität überlappen kann. Ich zweifle nicht daran und ich bin mir völlig sicher, daß die Autoren - Douglas Vogt und Gary Sultan - seit ihrem Buch weiter in ihrem Werk fortgeschritten sind und neue Erkenntnisse auf diesem Gebiet hinzugewonnen haben.

Was sie bezüglich Tornados und Hurrikane geschrieben haben muß so kommentiert werden, daß sie es *begriffen* haben, wo andere nichts wahrgenommen haben. Ich selbst habe kognitive Erfahrungen, wo ich etwas plötzlich begreife, dem eine Reinigung meiner bisherigen Vorstellungen folgte. Aus diesem Grund gebe ich Ihnen den Rat, lassen Sie die Türen zu Ihrem Gehirn für gelegentliches durchfegen offen.

Doug und Gary verweisen auf einen "cross talk"-Effekt, wenn Zeit- und Rauminformationen von einem Ort zu einem anderen Ort über stehende Wellen übertragen werden, wo sich dann die Überlappung in die sogenannte normale Zeit und den normalen Raum aufhebt. Sie haben beobachtet, daß stehende Wellen als Transmitter mit hohem Potential verwendet werden können und dabei sehr wenig Energie benötigen, um eine Reaktion auszulösen.

In meinen Gedanken sehe ich eine Zone von Ursachen und Effekten, die Raum und Zeit transzendieren, wenn es örtlich große und kleine Vortexe gibt. Der Tornado zieht vorüber und wir werden zurückgelassen neben einem im Stroh eingebetteten unzerbrochenem Glas, einem 5 x 10 cm großes Nadelbaumstück, das in 16 mm starken Stahl eindringt, einem 15 Zoll Reifen, der den Baum umrundet, dessen Äste mehr als 4,5 Meter lang sind und einem Metallrohr *unter* der Erde, das in der Spur des Tornados völlig verbogen zurückgelassen wurde.

Es ist eindeutig etwas anderes als die physikalische Kraft, *wie wir sie kennen,* die sich dann manifestiert, *wenn bestimmte Bedingungen* zusammentreffen. Ich zitiere aus “Reality Revealed”:

“Wir behaupten, daß Tornados und Hurrikane Beispiele eines umgekehrten Zyklotrons sind.” Hier wäre die Umkehrung eine hohe Geschwindigkeit (Bewegung), die ein Funksignal (Welle) von hoher Frequenz erzeugt. Sie fahren fort:

“Wenn zu bestimmten Jahreszeiten die richtige Temperatur besteht, dann entsteht ein großer Kondensator. Die Erde ist eine Platte und die obere Atmosphäre ist die andere Platte. Das irdische Magnetfeld umgibt diese elektrostatischen Platten. Wenn die Erde den richtigen Neigungswinkel hat, denken wir, daß dann Hochenergiepartikel vom *Weltraum in das Magnetfeld der Erde eindringen können.”* (Alle Kursivschrift stammt von dem Autor.)

“Aufgrund des Neigungswinkels der Erde relativ zur Bewegungsrichtung der Hochgeschwindigkeitspartikel, werden die Partikel zu den Tornadogürteln und Hurrikangebieten *heruntergesaugt.* Dort existieren die richtigen atmosphärischen *Bedingungen,* damit sich die elektrostatischen Platten bilden können.

“Die Hochenergiepartikel laden die Platten des Kondensators auf und dadurch entseht eine gedämpfte, oszillierende Welle. Es entstehen ebenso stehende Wellen mit hoher Spannung.

Die gedämpfte, oszillierende Welle produziert zusammen mit dem irdischen Magnetfeld einen zyklotronischen Prozeß in der Atmosphäre. In anderen Worten gesagt: ein von der Natur erschaffenes Zyklotron ist entstanden.”

Albert Einstein unterhält sich mit Marineoffizieren während seiner Forschungen an der Princeton-Universität am 24. Juli 1943 (National Archives).

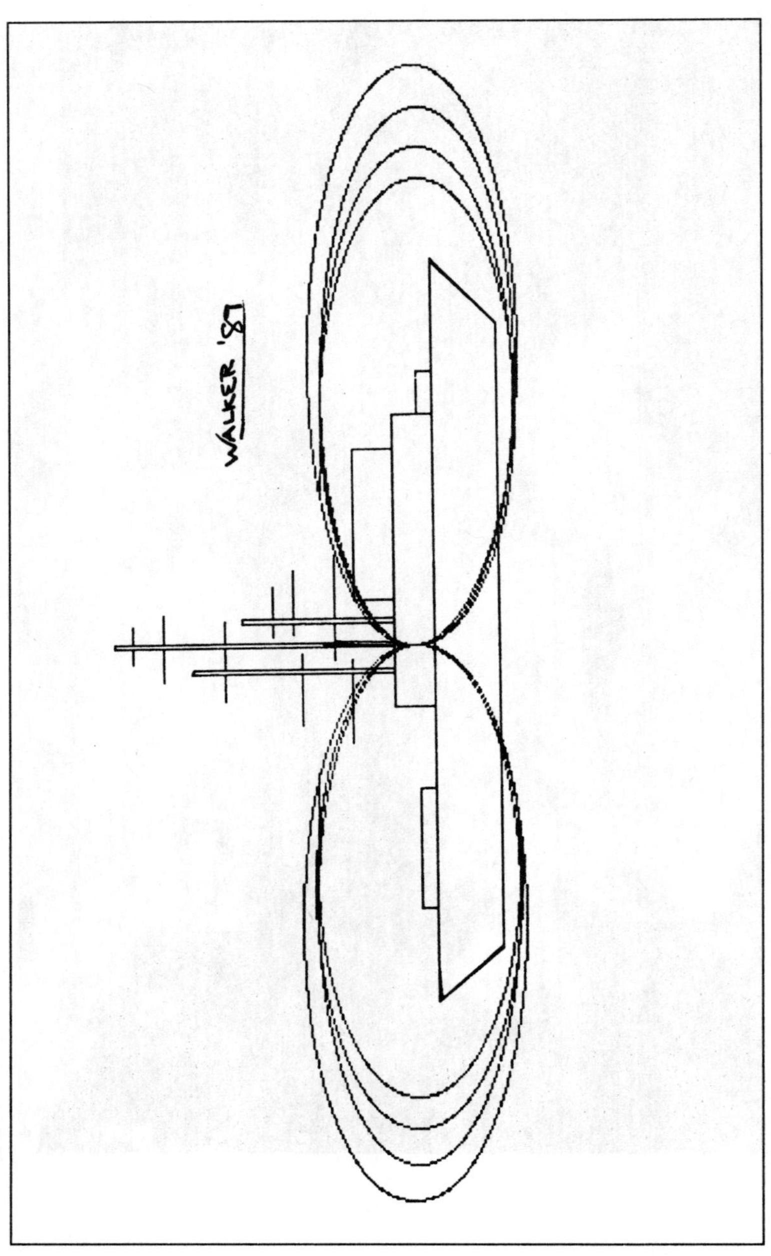

Dies stellt den Querschnitt eines Torus-Energiefeldes dar, das auf der horizontalen Ebene um das Schiff rotiert.

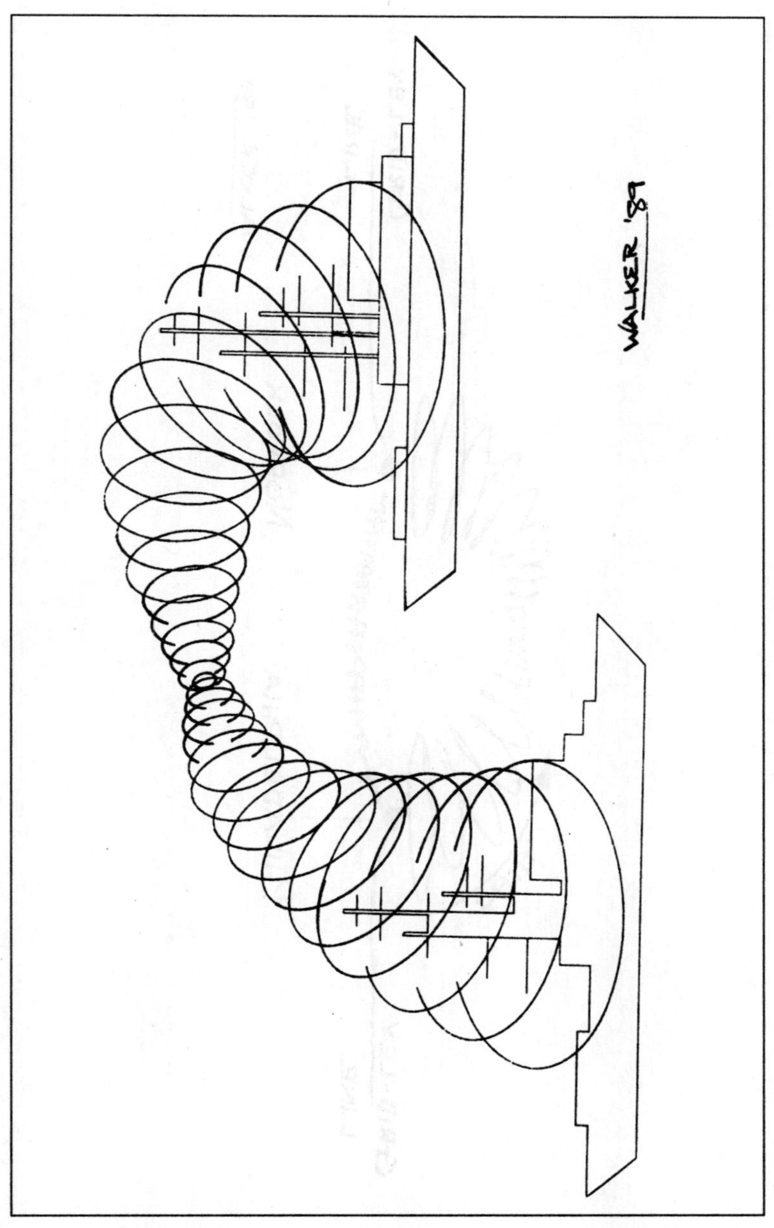

Das ganze Schiff und die Besatzung hätte den Raum als ein örtliches elektromagnetisches Spannungsfeld dynamisch durchquert.

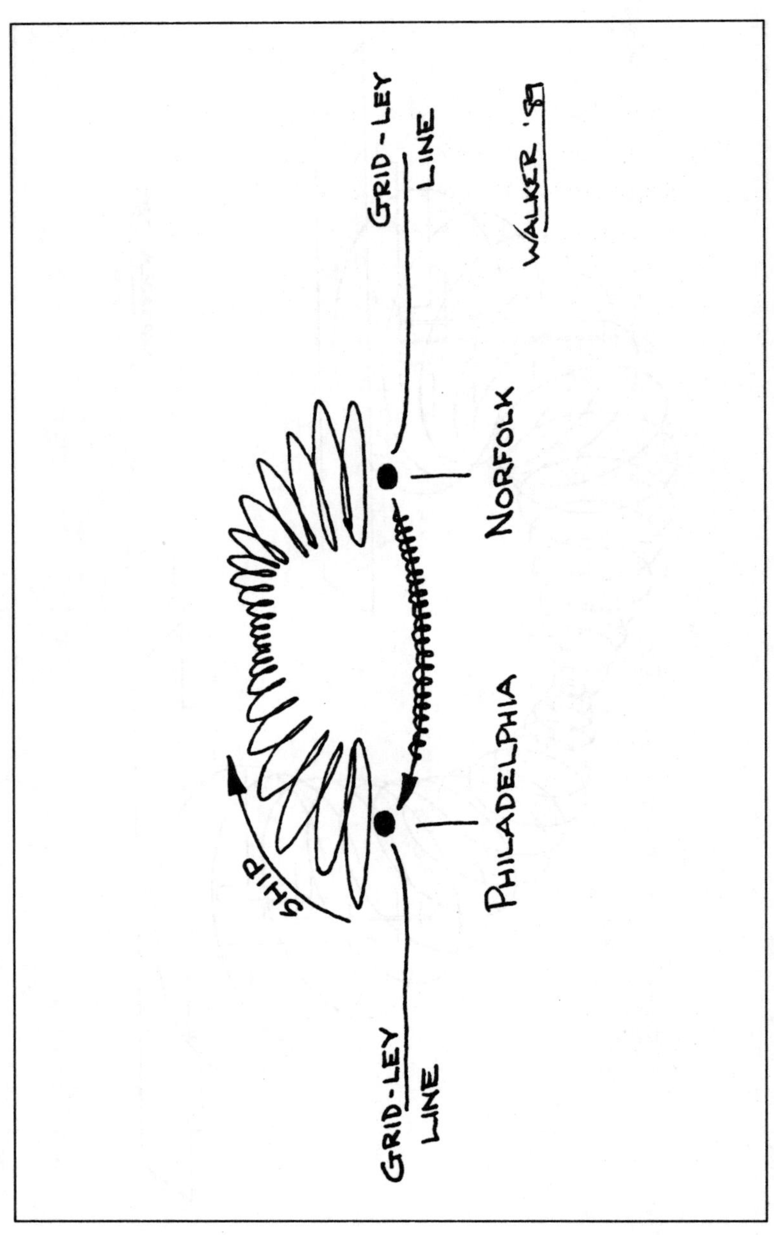

Diese Abbildung zeigt, wie das Schiff, die DE 173, seinen 320 Kilometer-Sprung als Energie entlang einer Gitter/Ley Linie gemacht haben könnte.

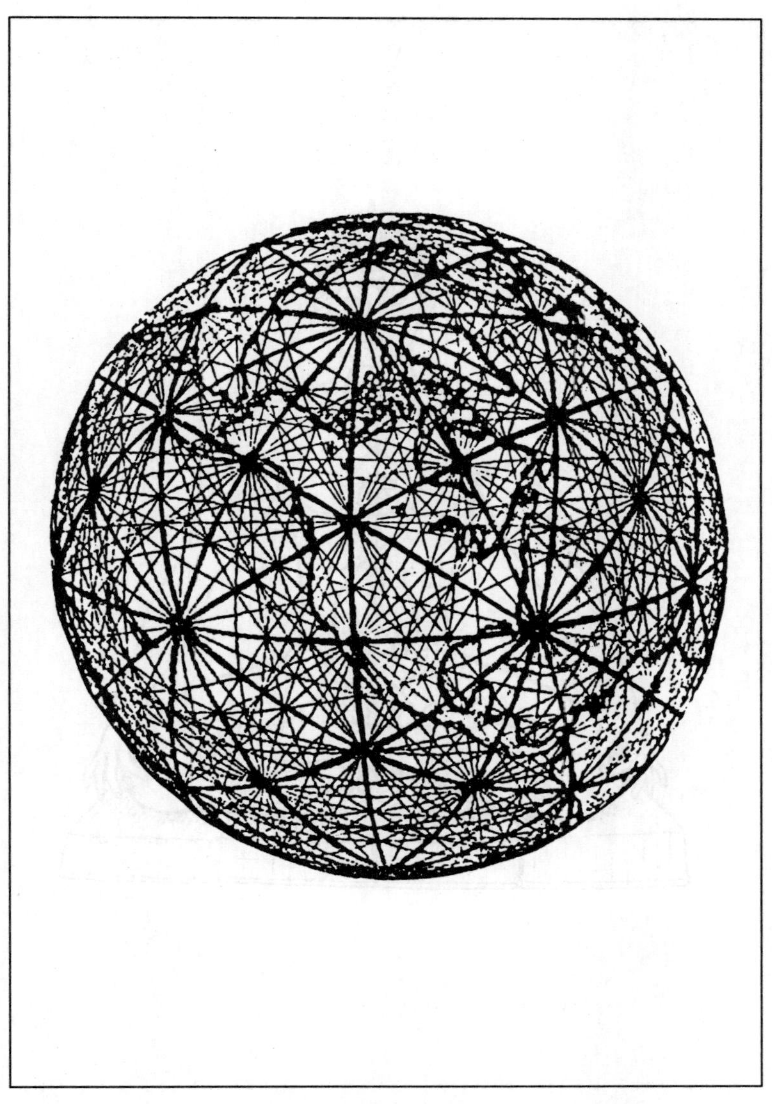

Gitter- und Ley-Linien sind eigentlich Spiralsträngen mit hoher und geringer elektromagnetischer Dichte sehr ähnlich. Dort wo sie sich treffen oder überschneiden entsteht eine stehende Welle, Vortex-ähnliche Ein- und Ausgänge für Energie.

Channels
1. Weiße Spirale: pingala nadi, solar
2. Schwarze Spirale: ida nadi, lunar
3. Zentrallinie: sushumna nadi, neutral

Spiralbewegungen existieren überall in unserem Körper.

“Aufgrund des erschaffenen hohen elektrischen Potentials und den entstandenen hohen stehenden Wellen werden Informationen, aus denen der Strohhalm besteht, in der Zeit bewegt; eine Übertragung durch die Zeit ist eine Übertragung durch den Raum. Eine Übertragung von Informationen innerhalb einer Mikrosekunde bei Lichtgeschwindigkeit stellt eine Übertragung von 300 Metern dar. Falls der Strohhalm nur zum Raum durch ein Fenster oder einen stählernen I-Strahl bewegt wurde, dann scheint es so, daß es nur durch diese Objekte hindurchgeblasen worden ist. In Wirklichkeit hielten sich der Strohhalm und der I-Strahl an einer identischen Stelle auf, aber zu einer anderen Zeit als der Tornado dort war. Als der Tornado vorbeikam, wurde die Zeit für den Strohhalm und den I-Strahl wieder deckungsgleich. Das gleiche kann auch lebenden Geschöpfen passieren.”

Wir werden gleich sehen, wie lebende Geschöpfe und “gefrorene Zeit” in einem geschichtlichen, aber wenig publizierten Ereignis deckungsgleich wurden.

Die Autoren sprachen davon, daß die obere Atmosphäre und die Erde als gigantische Kondensatoren wirken - in genau der Weise, wie es Tesla beschrieb. Der Gedanke ist nicht neu, aber ich behaupte, daß wo auch immer Potentialunterschiede bestehen, es auch eine Ausgleichsbewegung gibt und durch dieses Fliesen wird die wirbelnde Natur dieses Vorgangs ausgesdrückt. Dieser Ausdruck ist der vereinigende Faktor zwischen der Physik von Wellen und von Partikeln. Die Dupplizierung und die Anwendung des vereinigenden Faktors führt zu Gravitationskontrolle, Teleportation, Transmutation von Elementen und zu Zeitreisen - um nur einige wenige Beispiele zu erwähnen.

Ein einfaches Experiment

Mitte der 60er Jahre gab es einen Artikel im Scientific American über einen Jugendlichen, der die Highschool besuchte, der ein ungewöhnliches Experiment während eines wissenschaftlichen Messeprojektes vorführte. Er brachte die Fakultät in Erklärungsnotstand, da sie nicht erklären konnten, was wirklich geschah und ich bin mir nicht wirklich sicher, ob dies der junge Mann wußte.

Der junge Mann baute einen einfachen großen Kondensator, bestehend aus zwei Platten mit 8 Zoll (~20 cm) Durchmesser (die Platten waren rund), und sie waren übereinander mit einem Abstand von 6 Zoll (~15 cm) angeordnet. An einer der Platten - ich glaube es war die obere Platte - legte er eine hohe Spannung von mehreren tausend Volt an. An der unteren Platte war eine frei rollende Stahlkugel oder ein Kugellager. Beide Platten hatten eine glatte Oberfläche und wurden in ihrer Position festgehalten. Als er nun die Spannung hochfuhr, rollte die Kugell *fortwährend* auf der unteren Platte am Umfang herum und dies, *ohne daß sie über die Kante hinunterfiel,* von dem die konventionelle Physik behauptet, daß dies nicht *geschehen kann*.

Es waren mindestens zwei Dinge, die hier auftraten. Die Kugel folgte der kreisförmigen Fließrichtung der einen Platte so gut sie konnte und die Kugel wurde in einem Feld oder einer Zone festgehalten, die nicht zu nahe aber auch nicht zu weit weg vom Zentrum war. Die Kugel war ein Teil des Gesamteffekts geworden. Erinnert Sie das nicht daran, wie die Planeten um die Sonne herumkreisen? Noch besser, die Kugel rollte innerhalb eines kreisförmigen (unsichtbaren) Korridors, dessen

Ebene sich im rechten Winkel zu dem Vortex befand.

Wäre eine zweite Kugel in diesen Feldeffekt eingedrungen, dann wäre sie entweder auch davon eingefangen worden oder sie wäre zurückgestoßen worden, abhängig vom Aufbau der Anlage.

Ein Marine-Experiment

Die US-Marine experimentierte mit Variationen des vereinigenden Vektors in einem großen Maßstab während des II. Weltkriegs, die zumindest soweit teilweise erfolgreich waren, daß es ihnen gelang ein Schiff für Radar unsichtbar zu machen. Radar wird mit Ultrahochfrequenzwellen betrieben und hier fängt das Problem an. Um etwas für diese ultrahohen Wellen unsichtbar zu machen, muß man es jenseits davon bringen und schon spielt man mit Gedanken, wo buchstäblich Zeit, Raum und konventionelle Geometrie nicht mehr passen. Der einzige andere Weg wäre, Interferrenz-Vektoren zwischen Ihnen und dem Äußeren entstehen zu lassen, wie eine Art von umgebender Hülle.

Die Marine, Einstein und einige wenige andere arbeiteten zusammen und versuchten es mit dem ersten Weg. Sie setzten das ganze Schiff und die sich darauf befindende Besatzung einem von Menschen erzeugten großen Feldeffekt aus, erhöhten dann die Rotationsgeschwindigkeit um die Ebene und vergrößerten schließlich das Potential jenseits von dem, was als die Grenze der "normalen physikalischen Stabilität" bezeichnet wird. Dann kam das Buch, gefolgt von dem Film "Das Philadelphia Experiment". Jemand da draußen möchte uns etwas erzählen oder es so absurd machen, daß es in die Unterhaltungskategorie fällt.

An diesem Punkt bin ich gezwungen etwas Licht auf das Gedankengut der Experimente zu werfen, die sich auf unbekanntem Gebiet bewegten. Einfach genommen ist die Grundlinie paradox. Das Risiko ist groß und unglaublich aufregend. Beide bleiben unbekannt, bis es geschieht.

Bei dem Experiment mit dem großen Feldeffekt wurden Generatoren aufgebaut, die ein *rotierendes Magnetfeld* um das Schiff erzeugen sollten, während zusätzliche Masten aufgebaut wurden, um die *vertikale Gravitationsachse* des Feldes entsprechend anpassen zu können. Sie hatten die Ausrüstung und einige mathematische Grundlagen, damit sie das erwartete Ereignis überprüfen konnten, trotzdem bleibt es schwierig Menschen gedanklich auf die Idee vorzubereiten, daß Materie von einem Ort zu einem anderen transportiert wird.

Während des Durchgangs erlebte die Besatzung Zeitverzerrungen und eine Art von "gefrorener Materie", nicht Temperaturabhängig, wo die Männer sich nicht mehr bewegen konnten. Sie wurden "halb bewußtlos", obwohl sie noch atmen, sehen und fühlen konnten - obwohl ihre Welt nach ihren Worten eine "Unterwelt" war. Eine interessante Wortwahl. Die Besatzung sprach auch von einer "inneren Leere" und ich nehme an, daß dies etwas mit den fünf Sinnen oder mit dem unsichtbar werden zu tun hat, entgegengesetzt zu dem gefrorenen Zustand.

Ich denke, daß wir dieses frieren innerhalb eines *Hyperfeldes* erwarten sollten, wo alles zusammenhängend oder sich in die gleiche Richtung bewegen würde. Man wäre keine "menschliche Energieeinheit" an Bord einer "Schiffs-Energieeinheit" auf der See, sondern eher daß beide elektrische Felder von Mensch und Schiff den gleichen Raum ausfüllen und sich zu gering differierender Zeit auf einer annähernd perfekten Wasseroberfläche befinden.

Es gibt auch einige Beweise, welche die Tatsache untermauern, daß bei einem der Experimente das Schiff und die Besatzung wieder erschien, einige Besatzungsmitglieder körperlich mit dem

Stahlkörper des Schiffes verschmolzen waren, gerade so, wie wir es vorfinden, wenn ein Tornado vorübergezogen ist. Ein rotierendes Feld ist die Basis für Partikel-zu-Welle oder Welle-zu-Partikel Experimente, da es der Durchgangspunkt für Energie in die eine oder andere Richtung ist.

Lange nachdem die Experimente beendet wurden, waren einige der Besatzungsmitglieder (diejenigen, die zurückkamen) wahrscheinlich aus zwei Gründen wahnsinnig geworden. Es ist eine Anspannung für das Gehirn, sowohl physisch als auch mental. Es ist auch interessant zu erwähnen, daß einige der Besatzungsmitglieder nach den Experimenten von Zeit zu Zeit aus unser Welt verschwanden und wieder erschienen und es gab Berichte von Augenzeugen, daß einige aus dieser Welt verschwanden und nicht wieder zurückkehrten. Offensichtlich hatten ihre Körper eine Art von Folgeeffekt eines örtlichen Hyperfeldes zurückbehalten.

Einige der Schlüsselaussagen in dem Buch "Das Philadelphia Experiment" werden einen zu ähnlichen Erkenntnissen führen, wenn man lange genug darüber nachdenkt. Die Autoren sind William L. Moore in Konsultation mit Charles Berlitz. Ein Auszug aus dem Buch (Kursivschrift und Unterstreichungen sind von mir):

"Schon im Jahre 1916 war Einstein damit beschäftigt, die Möglichkeit zu untersuchen, daß die Gravitation in Wirklichkeit überhaupt gar keine "Kraft" ist, sondern eher eine der beobachtbaren Eigenschaften der "Raumzeit" ist - die Kraft, die alle anderen Kräfte in "unserem" Universum beherrscht und ihnen zugrunde liegt. Er ging einen Schritt weiter und spekulierte, daß das, was wir als Substanz oder “Materie” kennen, in Realität nur ein örtliches Phänomen ist, hervorgebracht von Gebieten mit extremer Konzentration von Feldenergie. In einfacheren Worten ausgedrückt, er kam zu dem Punkt, Materie als ein Produkt von Energie anzusehen und nicht umgekehrt und dadurch wagte er es, das seit langer Zeit bestehende Konzept abzulehnen, welches aussagt, daß sie zwei separate Seinsformen sind, die Seite an Seite existieren.”

Kommen und Gehen

Materie als ein Produkt von Energie. Substanz als ein Produkt von Wellen. Niederschlag fängt die Wellen wie mit einem Trichter ein. Der Trichter verursacht eine Kreisbewegung. Kreisbewegung verursacht einen Trichter. Die Bewegung erzeugt ein dichtes magnetisches Band, ähnlich einem Torus um die Spitze des Trichters, das Band selbst ist ein drehender Toroid, der mithilft, alles eingefangene festzuhalten. All dies ist für das menschliche Auge unsichtbar. Falls der Niederschlag in seiner Richtung anhält, wird das magnetische Band der horizontale Äquator. Die Vortex-Trichter werden die vertikale Achse der Gravitationspole. Ein Partikel ist entstanden und die Grundbestandteile sind nun eine Einheit. Nun können wir es sehen.

Der Spin hat sich stabilisiert und im Vergleich zu seiner Entstehung etwas reduziert. Wir können ihn wieder mehr und mehr erhöhen und relativ dazu wird es anfangen zu strahlen. Falls wir es auf dieser Ebene belassen, dann wird sich das Partikel “dezentralisieren” und in Form von Hitzestrahlung, Licht und Geräuschen auflösen. Zurück in den Wellenzustand. Dies bringt mich an den Punkt, daß ich glaube, daß das Partikel einfach ein Niederschlag von Wellenkohärenz ist, daß die Welle übrigbleibt, wenn sich das Partikel aufgelöst hat. Sie sind nur separat in ihrer Zeitlinien-Existenz.

Sehen ist glauben

Ein Mann namens Carlos Allende oder Carl Allen war vermutlich Zeuge von einigen Marine Experimenten und es folgt ein Teil seines Berichtes:

"So, Sie wollen etwas über Einstein's großartiges Experiment wissen? Wissen Sie ... ich schob meine Hand bis zum Ellbogen in dieses einzigartige Kraftfeld, nachdem es aufgebaut war, welches kraftvoll in Gegenuhrzeigerrichtung um das kleine Experimentalschiff DE 173 der Marine wogte. Ich fühlte den ... Druck dieses Kraftfeldes gegen die Festigkeit meines Armes und meiner Hand, die ich in diesen summenden, drückend-treibenden Fluß ausgestreckt hatte.

Ich beobachtete die Luft um das Schiff herum ... die sich so nach und nach veränderte, dunkler wurde als all die andere Luft außerhalb des Feldes ... und nach wenigen Minuten sah ich einen nebeligen grünen Dunst, wie eine dünne Wolke, um das Schiff aufsteigen." (Diese Aussage deckt sich fast völlig mit Berichten von Überlebenden oder Beobachtern von verschwundenen Schiffen im Bermudadreieck, wo die Abweichung ein natürliches - oder nicht natürliches - Phänomen sein könnte, nur in einem größeren Maßstab.)

"[Ich denke], daß dies vielleicht ein Nebel von atomaren Partikeln war. Danach beobachtete ich, wie die DE 173 sehr schnell für das menschliche Auge unsichtbar wurde. Und trotzdem blieb die Kontur des Kiels der unteren Hülle von diesem ... Schiff im Wasser eingedrückt zurück und mein eigenes Schiff fuhr daran entlang, fast innenbords."

Mr. Allende fährt dann fort die Geräuschkulisse des Summtones zu beschreiben, der zuerst flüsternd war und dann zu einem zischenden Brummen anschwoll - ein rasendes Summen. Er fährt fort:

> "Das Feld hatte eine Schicht von purer Elektrizität um sich herum aufgebaut. [Dieses] ... Fließen war stark genug, um mich fast völlig aus dem Gleichgewicht zu bringen und wäre mein gesamter Körper innnerhalb dieses Feldes gewesen, dann hätte mich die Strömung aller Wahrscheinlichkeit nach plattgedrückt ... an Deck meines eigenen Schiffes. Als das Feld seine maximale Stärke - Dichte, nochmals, Dichte, erreichte, wurde ich nicht niedergedrückt, aber mein Arm und meine Hand wurden durch die Strömung des Feldes zurückgedrückt."

Gitter- oder Leylinien

Dieses Ereignis blieb Carlos Allende klar und in starker Erinnerung, da er danach nicht mehr der gleiche war. Ebenso verschwand das experimentelle Schiff, laut Allende, zu einem bestimmten Zeitpunkt aus seinem Dock in Philadelphia und erschien nur wenige Minuten später über 320 Kilometer entfernt in der Gegend von Norfolk. Daraufhin verschwand es *wieder,* nur um an seinem Ausgangsdock in Philadelphia wieder aufzutauchen. Dieser Teil seines Berichtes mag unglaublich klingen, bis wir die kleineren und größeren Gitter- oder Ley-Linien betrachten, welche den Globus in "den vier Richtungen" umrunden.

Diese Linien sind eigentlich *sehr enge Spiralen* oder Rollen der Bewegung, die in mehr oder weniger linearer Weise fließt. Einige davon habe ich in und um Sedona (Arizona,USA) gefunden, die gerade mal zwei oder drei Finger breit sind, während andere einige Schritte erfordern, um sie zu durchqueren zu können. Dort wo sich diese "Linien" treffen oder überkreuzen gibt es einen aufwärts oder abwärts gerichteten Durchgang von Bewegung in Form eines Vortex, ähnlich dem, den die Indianer schon seit Jahrhunderten kannten. Sie wußten auch, wie Energie ihre Gedanken verstärken und mit dem großen Geist verbinden konnte, ein Konzept, welches im metaphysischen Bereich große Aufmerksamkeit erreicht.

Wenn ein physisches (für unsere Sinne) Wesen oder Objekt in Schwingung versetzt wird und seine Frequenz eine bestimmte Schwelle erreicht, dann wird es eine Energieeinheit, die dann in der Lage ist, diesen Gitterlinien um die Erde bequem zu folgen.

Dies ist genau das, was mit dem Schiff während des Experimentes geschehen ist. Als eine Energieeinheit von hohem Potential fand die DE 173 den Pfad mit dem geringsten Widerstand, eine Linie, die zu einem Gebiet mit niedrigerem Potential hingezogen wurde - dem Hafen von Norfolk. Hier hatte das Schif einiges von seiner Energie verloren und deshalb reduzierte sich die Frequenz und es wurde wieder sichtbar. Trotzdem war die Energiezufuhr noch eingeschaltet und deshalb baute es schnell wieder seine vorherige "Trägerfrequenz" auf und folgte oder wurde zurückgezogen in seine ursprüngliche Position, wie ein Gummiband, das dorthin wieder zurückschnellt, von wo es gedehnt wurde. Der Forscher Bruce Cathie hat zu seiner eigenen Freude festgestellt, daß es eine Energie-Gitterlinie GIBT, die beide Hafengebiete (Philadelphia und Norfolk) miteinander verbindet. Herr Cathie hat bemerkenswertes auf dem Gebiet des irdischen Gitternetzwerkes und deren harmonischen Beziehungen untereinander geleistet.

Unsichtbare Welt

Es gibt eine hohe Konzentration von Vortex-Aktivitäten im Gebiet in und um Sedona herum, aber Vortex-Aktivitäten als solches sind kein außergewöhnliches Phänomen. Es gibt wesentliche Wirbel in hunderten von Gebieten der Welt und die weniger wichtigen kommen so zahlreich vor, daß sie nicht mehr zählbar sind. Wir gehen täglich durch sie hindurch oder umrunden sie. Wir lassen sie entstehen, indem wir gehen oder fahren und andere um uns herum gehen durch unsere Wirbel hindurch. Wind ist ein EFFEKT, der durch hohen oder niedrigen Luftdruck und absinken des elektrischen Potentials verursacht wird. Die kalte oder heiße Lufttemperatur fühlen wir einfach, wenn unsere Körper höherem oder niedrigerem elektrischen Druck oder Dichten ausgesetzt ist.

Wir sehen und fühlen unsere Welt in einer begrenzten Weise. Der Mensch hat immer nur die Dinge bezeichnet, die er sehen, fühlen oder in einer begrenzten Art messen konnte.

Ein einfaches Beispiel wäre, wenn man auf der einen Seite eines Raumes einen Eisblock hinlegt, während man auf die andere Seite ein heißes Bügeleisen hinstellt. Benutzen Sie Ihr mentales Hologramm für dieses Beispiel. Wenn wir das sehen könnten, was normalerweise durch unser Wahrnehmungsvermögen begrenzt ist, dann würde die kalte Strömung zu der heißen fließen und die heiße zu der kalten. In elektrischen Begriffen, die Spannung fließt in die eine Richtung, während der Strom in die entgegengesetzte Richtung fließt. Beide sind für sich hohe Potentiale, die zur Seite mit dem “geringeren Potential” fließen wollen, wir denken einfach nur in den Begriffen heiß und kalt.

Wenn wir in der Lage wären ein sehr empfindliches Meßinstrument zu bauen, dann könnten wir tatsächlich den elektrischen Fluß zwischen dem Eisblock und dem Bügeleisen messen. Er würde andauern, bis das Eis geschmolzen und das Bügeleisen abgekühlt wäre, oder in einem anderen Sinn, wenn sie ausgeglichen sind oder das gleiche Potential erreicht haben. In all dem ist etwas sehr grundsätzliches enthalten und einige von Ihnen haben dies vielleicht schon erkannt.

Die beiden Massen ziehen sich nicht gegenseitig an, aber es gibt eine Wechselwirkung, die jedoch nichts mit Masse oder physikalischer Dichte zu tun hat. Jedesmal wenn man seine Hand nach etwas ausstreckt entsteht eine Wechselwirkung mit dem Objekt, bevor man es tatsächlich berührt. Es gibt Felder mit verschiedener Energiedichte, ähnlich der Zwiebelschale, sowohl um organische als auch um anorganische Materie, die andauernd in Wechselwirkung miteinander stehen. Ich nehme an, daß unsere Sinne von all den Informationen überfordert wären, wenn wir immer zu 100% unsere Umwelt wahrnehmen würden. Trotzdem erleben wir Momente, in denen wir jenseits unserer fünf Sinne wahrnehmen, was sich ereignet. Der Trick besteht darin, meine Freunde, dies willentlich wahrzunehmen.

Das Fingerfeld

Eine einfache Demonstration wird Ihnen eine Wechselwirkung zeigen, die Sie sogar fühlen können. Lehnen Sie sich zurück, entspannen Sie sich und atmen Sie ruhig. Führen Sie an Ihrer linken Hand den Daumen, den Zeigefinger und den Mittelfinger zusammen, so daß sich alle drei Fingerkuppen berühren, halten Sie aber die restlichen zwei Finger klar von den anderen drei getrennt. Strecken Sie nun den Zeigefinger Ihrer rechten Hand aus und lassen Sie ihn um die drei Fingerspitzen der linken Hand kreisen, ohne diese jedoch zu berühren.

Konzentrieren Sie sich nur auf die Empfindungen der drei Finger der linken Hand. In dem Moment, wenn Sie den Zeigefinger der rechten Hand an den drei Fingern der linken Hand vorbeibewegen, werden Sie in jedem der drei Finger jeweils ein pulsieren fühlen. Es kann sein, daß Sie in den Fingerspitzen ein leichtes prickeln fühlen können. Die Geschwindigkeit des umkreisenden Fingers könnte ein Faktor sein, Sie können dies auch mit anderen Personen durchführen und die Ergebnisse werden ählich sein. Sie werden fühlen, wie die Empfindungen aufhören, kurz nachdem Sie die Bewegung eingestellt haben.

Was ist geschehen? Wo ist das Feld, das Sie erzeugt haben, woher kommt es und wohin geht es, wenn Sie mit der Bewegung aufhören? Herzlich willkommen im Club.

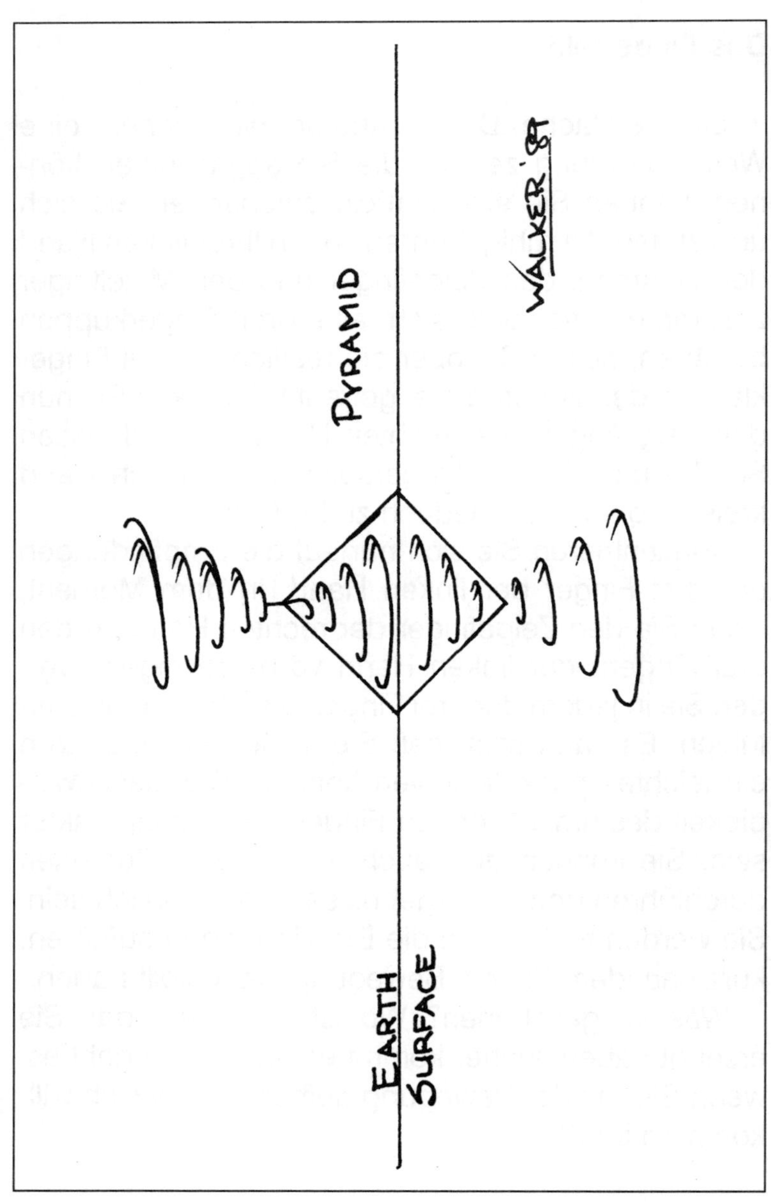

Wünschelrutengänger können Ihnen sagen wo sich die Energie fokusiert und in welche Richtung sie sich in kleinen Pyramiden windet. Die großen Pyramiden bedeuten viele Dinge für viele Menschen, meistens wohlbegründet.

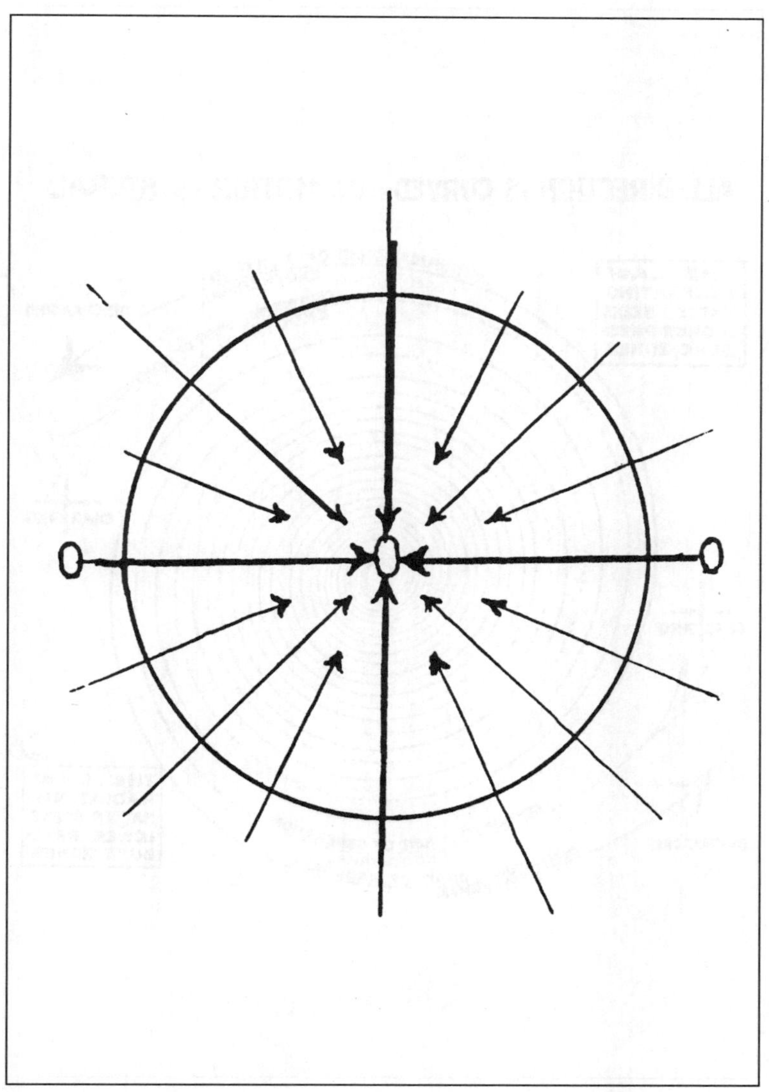

Dieses Diagramm von Russel stellt Gravitationswellen auf ihrem Weg zum Zentrum einer Sphäre dar, sei es ein Planet oder eine Sonne.

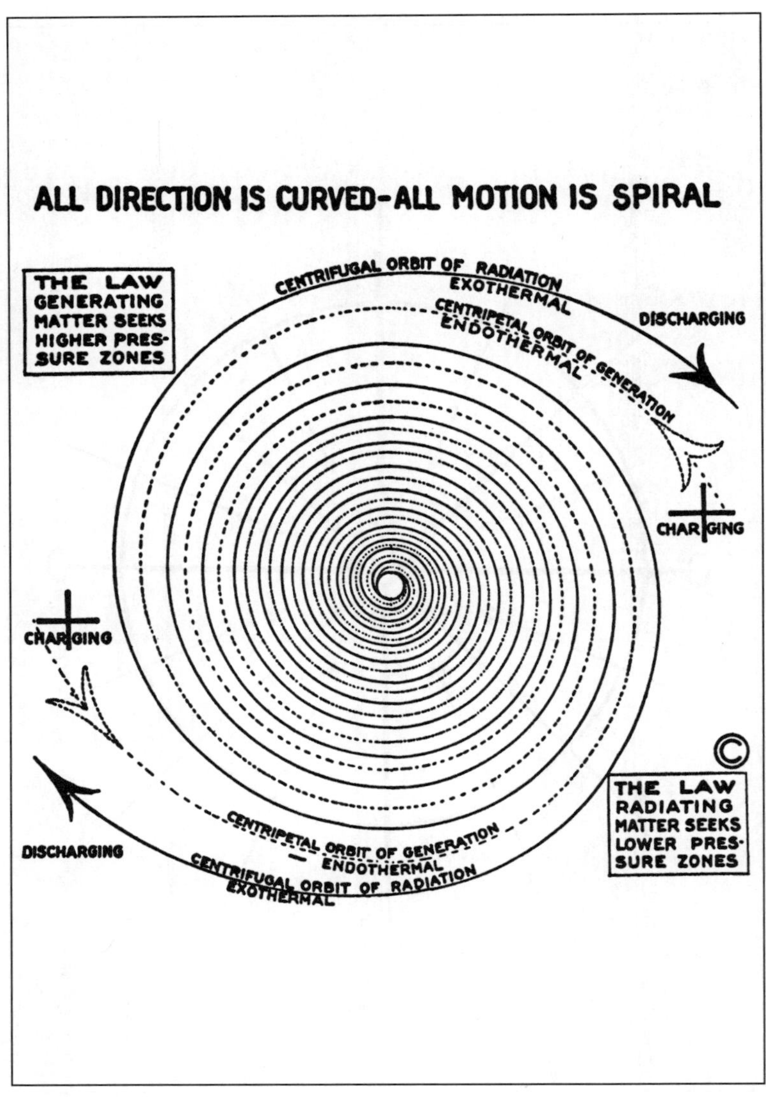

Die zwei grundsätzlichen Bewegungen im Universum sind zum einen der ZENTRIFUGAL-Orbit der Ausstrahlung - exothermal und der ZENTRIPEDAL-Orbit der Erzeugung - endothermal.

Von Dr. Walter Russel

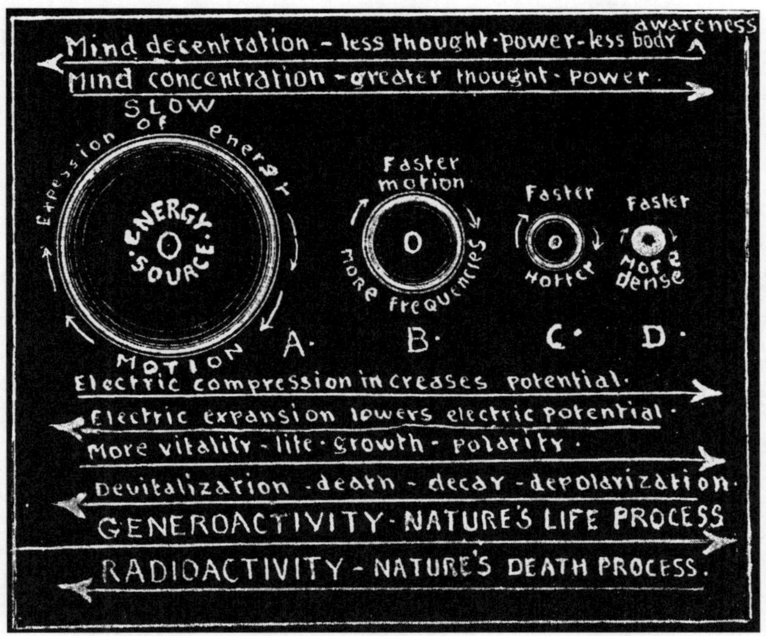

Auf dieser Abbildung kann man die Ringe der Bewegung in der Form sehen, als ob man an der Gravitationsachse hinunterschauen würde.

Von Dr. Walter Russel

A. Vergrößerte Gedanken-Ringe, die sich um die Bewußtseinsquelle bewegen.
B. Ein Teilausschnitt von elektrischem Strom, der die Bewegung um seine Energiequelle illustriert, von wo sie sich ausdehnt.
C. Ein elektrischer Strom, der durch ein solides Kabel dieser Dimension gesandt wird, wäre eine Reihe von Ringen, wie A und B. Es wäre ein sehr schwacher Strom und deshalb würde es darin auch ein sehr großes Loch von Bewegungslosigkeit geben.

Offenes System

In dem Buch “The Perpetual Motion Mystery - A Continuing Quest” (=Das Geheimnis der fortwährenden Bewegung - Eine fortlaufende Suche; Anm. d. Übers.) im Jahr 1987 von Lindsay Publications wieder neu aufgelegt, bezieht sich der Autor Herr R. A. Ford auch auf ein anderes Buch, die Kursivschrift wurde von mir eingesetzt:

“Die Gedanken-provozierende Illustrationen, die von Gaston Plante in seinem Buch “The Storage of Electrical Energy” (=Die Speicherung elektrischer Energie; Anm. d. Übers.) beschrieben werden, können analog zu anderen natürlichen Kräften sein. Das *elektro-dynamische Wirbel-Experiment* wurde mit einer 16 - 30 Volt-Batterie durchgeführt. Eine positive Elektrode aus dickem Kupferdraht wird in eine Glaszelle eingetaucht, die zu einem Teil Schwefelsäure enthält und zu zehn Teilen Wasser. Die Oxidation geschieht vorwiegend an den Enden der positiven Elektrode. Das Drahtende wird nach einiger Zeit spitz und der Stromfluß wird zunehmen. Falls der Pol eines Magneten und das Ende einer spitz zulaufenden Elektrode wie gezeigt zusammengeführt werden, dann kann man eine Wolke aus Kupferoxid beobachten, die sich schnell und spiralförmig bewegt und deren Drehrichtung von dem benutzten Pol des Magneten bestimmt wird.

“Diese Wirbel erinnern uns an den Coriolis-Effekt oder an einen Tornadotrichter, aber könnten sie nicht auch mit der Gravitation in Verbindung stehen? Wir sind es gewöhnt bei einem Magnetfeld an etwas statisches zu denken genauso wie wir *annehmen*, daß Gravitation ein Zustand ist, mit dem wir keine Rotationsaspekte assoziieren.

“Wir müssen zugeben, daß trotz der Schwierigkeit sich vor Augen zu führen, wie schwerfälliges Material aufgebaut sein könnte, um eine fortwährende Bewegung zu erzeugen, alle *Materialien ultimativ elektrischer Natur sind.* Im Bereich der molekularen, atomaren und subatomaren Ebene regiert die reibungslose und fortwährende Bewegung.”

An diesem Punkt ist ein amerikanischer Erfinder von speziellem Interesse, Charles F. Brush, der die Wellentheorie der Gravitation aufstellte, die passenderweise als die Brush Wellentheorie bekannt ist. Darin sagt er aus, daß Hochfrequenzwellen mit hohem Druck in allen Bereichen des Universums entstehen und daß die Energie eines fallenden Objektes aus dem Äther kommt und wieder in den Äther zurückgeleitet wird, wenn das Objekt einer Geschwin-

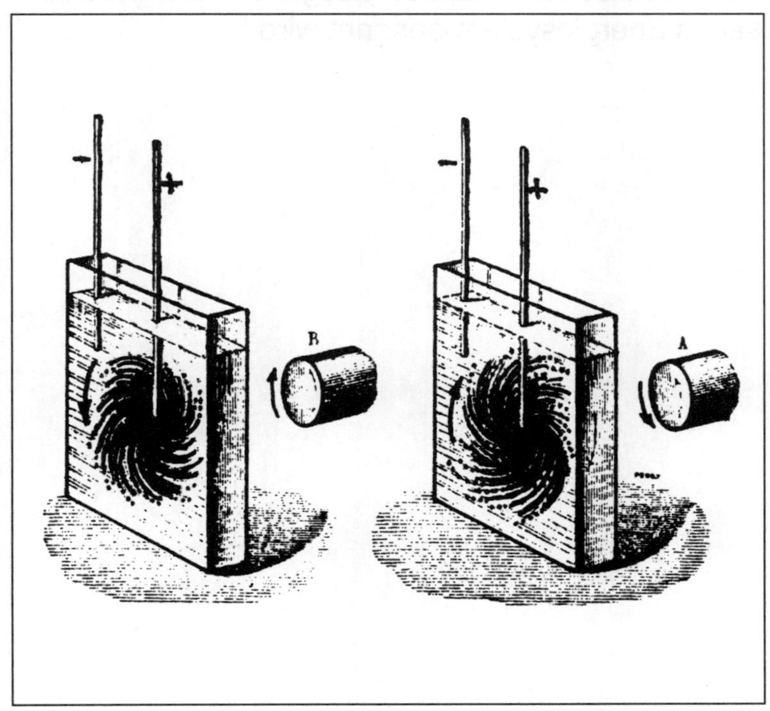

digkeitsverzögerung unterworfen wird. In anderen Worten, die Energie wird zur Bewegungserzeugung *ausgeliehen* und wieder *zurückgegeben,* wenn die Bewegung gestoppt wird.

Herr Ford antwortete auf die Brush-Wellentheorie folgendermaßen: "Wir sind zu der Schlußfolgerung gezwungen, daß Potentialenergie, wie die kinetische Energie, von Bewegung *abhängig* ist. Es ist die *Form der Bewegung,* welche die Energie verkörpert und die bestimmt was geschehen kann. Daraus können wir erkennen, daß von dem Moment an, wo das ätherische Medium in die Partnerschaft eintritt, in der Potentialenergie im System enthalten ist, es keine solche Dinge wie "geschlossene" oder isolierte Energiesysteme mehr geben kann. Dies deutet an, daß es Grenzen für die Gesetze der Thermodynamik und der Entropie gibt, welche von einer idealen, mathematischen Situation ausgehen, die geschlossenes Energiesystem genannt wird."

Nullpunktenergie

Ein exzellentes Buch für Leser, die sich ein tiefergehendes Studium der freien Energie und der "Antigravitation" wünschen, stammt von Moray B. King, welches 15 Jahre Forschung umfaßt und diese Konzepte mit der heutigen modernen Physik verbindet. Das Buch "Tapping The Zero Point Energy" (=Anzapfen der Nullpunktenergie; Anm. d. Übers.) ist tatsächlich eine Sammlung von Herr King's Papieren, die diese Thematik berühren, über den Zeitraum von 1978 bis 1989. Ich habe die meisten seiner Veröffentlichungen gesammelt, aber es war wirklich eine große Hilfe, sie alle in einem Buch verfügbar zu haben (dieses Buch ist durch Adventures Unlimited erhältlich). Herr King sagt aus, daß "uns eine neue Technologie erwarten könnte, wenn wir zwei bis zu diesem Zeitpunkt separate, aber wohldokumentierte Gebiete der modernen theoretischen Physik kombinieren: 1) Die Theorien der Nullpunktenergie zeigen, daß es ungeheuere Schwankungen von elektrischer Feldenergie gibt, die im Gefüge des Weltalls eingebettet ist. 2) Die Theorien der Systemselbstorganisation dürften es dieser Energie erlauben durch technologische Mittel zusammenhängend zu sein."

Ich kann ihm nur zustimmen und sagte ihm, daß ein Erfinder einer freien Energievorrichtung den Menschen einfach nur das Buch "Tapping The Zero Point Energy" geben müßte, damit sie verstehen könnten, wie die Vorrichtung funktioniert und wie sie eingesetzt werden kann.

Russell's Aussage

Eine meiner liebsten Studien der Wissenschaft, der Physik und sogar der Philosophie kann komplett in dem Werk "Atomic Suicide?" (=Atomarer Selbstmord?; Anm. d. Übers.) von Dr. Walter und Lao Russel gefunden werden. Sie gründeten die Universität der Wissenschaft und Philosophie in Waynesboro, Virginia.

Dieses Buch kann nur schwer anderweitig gefunden werden, trotzdem ist es möglich, es in einigen Buchläden zu bestellen. Ich hatte meine Ausgabe für mehr als sieben Jahre und sie während dieser Zeit viele Male gelesen und jedesmal konnte ich neue Erkenntnisse dazugewinnen.

Walter Russell war mit vielen Menschen in Kontakt, zum Beispiel mit solchen Größen wie Mark Twain, Rudyard Kipling, Thomas Edison und Nikola Tesla, um nur einige zu nennen.

Walter Russell war ein meisterhafter Architekt, Maler, Steinmetz, Komponist für Musicals und als Wissenschaftler war er der erste, der von der Existenz des Plutoniums, Neptuniums, Deuteriums, Tritiums und vielen anderen Elementen wußte, bevor die offizielle Wissenschaft sie isolierte. Viele von Russell's Konzepten, Dokumenten und Tabellen wurden der Welt 1926 frei zur Verfügung gestellt, trotzdem dauerte es bis 1941 und drei weitere Jahre mit Vorträgen, bis seine wissenschaftliche Arbeit wahrgenommen wurde. Er wurde von vielen der moderne Leonardo genannt und trotz alledem sind seine wissenschaftlichen und künstlerischen Leistungen der großen Öffentlichkeit noch unbekannt. Dies ist der Weg eines Genies.

Herr Russell hat zusammen mit seiner Frau viel über universale Ansichten der Entwicklung der Natur und des Menschen geschrieben. Speziell in dem Buch “Atomic Suicide?” schrieb er über seine große Sorge, daß neue saubere Energiequellen entwickelt werden müssen und daß es sehr klar ist, das Atomreaktoren nicht der Weg sind, den wir gehen sollten.

Ich habe einige Reaktoren untersucht, genug, um davon überzeugt zu sein, daß sie schwerwiegende Langzeiteffekte haben. Ein Atomreaktor hat eine Lebensspanne von etwa 25 Jahren, dann muß er dauerhaft abgeschaltet und versiegelt werden, denn die speziellen Abschirmungen für die Radioaktivität, sind zu diesem Zeitpunkt selbst radioaktiv geworden. Danach muß das Kraftwerksgebiet für mehr als 2 Generationen eingezäunt bleiben. Von den Reaktoren, die sich derzeit auf diesem Planeten in Betrieb befinden, müssen mehr als 50% innerhalb der nächsten fünf bis zehn Jahre dauerhaft abgeschaltet werden. Dies ist Atomspaltung. Sie erhitzt Wasser, um damit Dampfgeneratoren anzutreiben.

Wie stehts mit den neuen FUSIONS-experimenten? Sie machen sich immer noch eine geringe Menge an Radioaktivität nutzbar, um damit das, was sie “kalte Fusion” nennen, zu erzeugen und nach der Meinung von vielen Leuten hat Radioaktivität *jedweder* Menge eine lange Verfallszeit. Radioaktive Elemente verbrauchen Sauerstoff bei ihrem Zerfall.

In Russell’s “Atomic Suicide?” schauen wir in eine bessere Zukunft:

> “Materie ist *Bewegung*. Die Antimaterie, welche sich nun anstellt, die ernsthafte Aufmerksamkeit der Wissenschaft zu erhalten,

ist *Ruhe.* Einige Wissenschaftler sagen, daß es *reine Energie* ist. Falls Materie, *welche Bewegung ist,* Energie ist und Antimaterie, welche *keine Bewegung ist*, reine Energie ist, welche Art von Energie ist dann jene, die keine reine Energie ist? Was hat dies zu bedeuten? *Die Zeit ist gekommen, in der es geboten ist, daß Bewegung und Energie als etwas identisches getrennt werden müssen und Materie muß als Produkt der Energiequelle angesehen werden.*

Für wissenschaftliche Zwecke muß bei der Erklärung des Aufbaus der Materie die Energiequelle das *omnipräsente universelle Vakuum* genannt werden. *Das universelle Vakuum ist das sich ausdehnende Ende des universellen Kolbens und die Gravitation ist das komprimierende Ende.*

Da die Elektrizität Brennpunkte erzeugt, die wir Gravitation nennen und weil Kompression die einzige Aufgabe der Elektrizität ist, ist jede Oszillation der elektrischen Stromerzeugung ein Austausch zwischen der Ruhe des Vakuums von Gottes Bewußtseinsuniversum der URSACHE und des elektrischen Universums der Bewegung, die EFFEKTE erzeugt.

Es ist selbstverständlich, daß alle Bewegung aus dem Ruhezustand herausspringt und wieder in diesen zurückkehrt - dies in endloser Wiederholung in Sequenzen, die wir *elektrische Frequenzen* nennen.

Die größten Denker der Wissenschaft haben wiederholt ausgesagt, daß Materie im *Weltraum* auftaucht und vom *Weltraum* auch wieder verschluckt wird, in einer uns unbekannten und mysteriösen Weise. Das Wort *Weltraum* ist eher ein ursächliches Wort, das anstatt des Schöpfers benutzt wird. Es ist aber ebenso ein irreführender Begriff, da der Weltraum keine Ausdehnung von etwas außerhalb der Materie ist. Er ist innerhalb der Materie allgegenwärtig ebenso wie er es außerhalb ist, und er ist unter der Kontrolle von Materie und ebenso, wie er es außerhalb ist.

Zukünftige Generationen von aufgeklärten Menschen werden aufhören zu denken, daß dieses elektrische Universum aus Materie und Substanz besteht. Sie werden wissen wofür es ist, daß es nur Bewegung ist."

Alles was Russell hier sagt ist, daß Energie aus einer Quelle entsteht und Bewegung aus Energie und daß Materie, so wie wir sie kennen, das Produkt aus der Quelle ist. Ebenso, daß die Quelle unter großer Spannung steht und versucht sich auszudehnen, während Gravitation einfach eine Art von universeller Pumpe ist, die Brennpunkte aus der komprimierten Quelle erzeugt, die wir Materie nennen.

Russell fährt fort mit seinen Erklärungen, daß Vibration oder Oszillation einfach ein Schwingen von außerhalb der Materie ist, zum Zentrum der Gravitation oder der Masse und wieder zurück nach draußen.

Erinnern Sie sich, die Gravitation fließt von außen oder aus der Leere zum Zentrum der Bewegung oder dem elektrischen Potential, welches in seiner speziellen Beschaffenheit rotierend ist. Vibration ist der Effekt von Spannungen, die zwischen dem Inneren und dem Äußeren und der Gravitationsachse und der Bewegung um die Achse entstehen.

Muß ich an diesem Punkt noch erwähnen, daß ein Vortex ein Gravitationsbrennpunkt IST? Daß die spezielle Rotationsbewegung andeutet, daß ein Austausch zwischen dem Zentrum und der äußeren Umgebung der *Bewegung* stattfindet, ob wir es nun als einen Planeten, eine Sonne, eine Galaxis oder die andere Richtung, Atome betrachten ...

So wie ich es verstehe ist das Zentrum unseres Planeten nicht ein dichter geschmolzener Eisenkern, der magnetisch ist und uns zu sich zieht, sondern eher ist es ein masseloser Gravitationsbrennpunkt, der von Gasen und danach Hitze, immenser Hitze, umgeben ist. Ich nehme an, sehr ähnlich einer kleinen Sonne.

Von diesem Standpunkt aus sehe ich die Vulkane nicht als Öffnungen für Lava, das vom Kern der Erde hochgedrückt wird. Vulkane sind von ihrer Struktur her nur ein Ausgleich in beide Richtungen, von direkt unter der Oberfläche bis zum Vulkankegel auf der Oberfläche. Die Lavadurchflüße verlaufen parallel zur Oberfläche und passen sich der Krümmung der Erdoberfläche an.

Zurück zu Russell. Er sagt aus, daß der Begriff "Weltraum" irreführend ist, und dies ist wirklich so.

Wenn sich ein Rad dreht, dann muß es sich um etwas drehen, das man das Zentrum nennt. Ebenso muß eine planetarische Sphäre einen zentrierenden Faktor haben. Erinnern Sie sich noch an den Kreisel, den wir durch pumpende Bewegungen entlang der Drehachse in Rotation versetzten? Die Achse ist sowohl der Kanal für den Energieeintrag und sie zentriert gleichzeitig die Rotation, die durch die Energie erzeugt wird. Die Gravitationswelle erzeugt ein elektrisches Brennpunktpotential, damit es das Zentrum

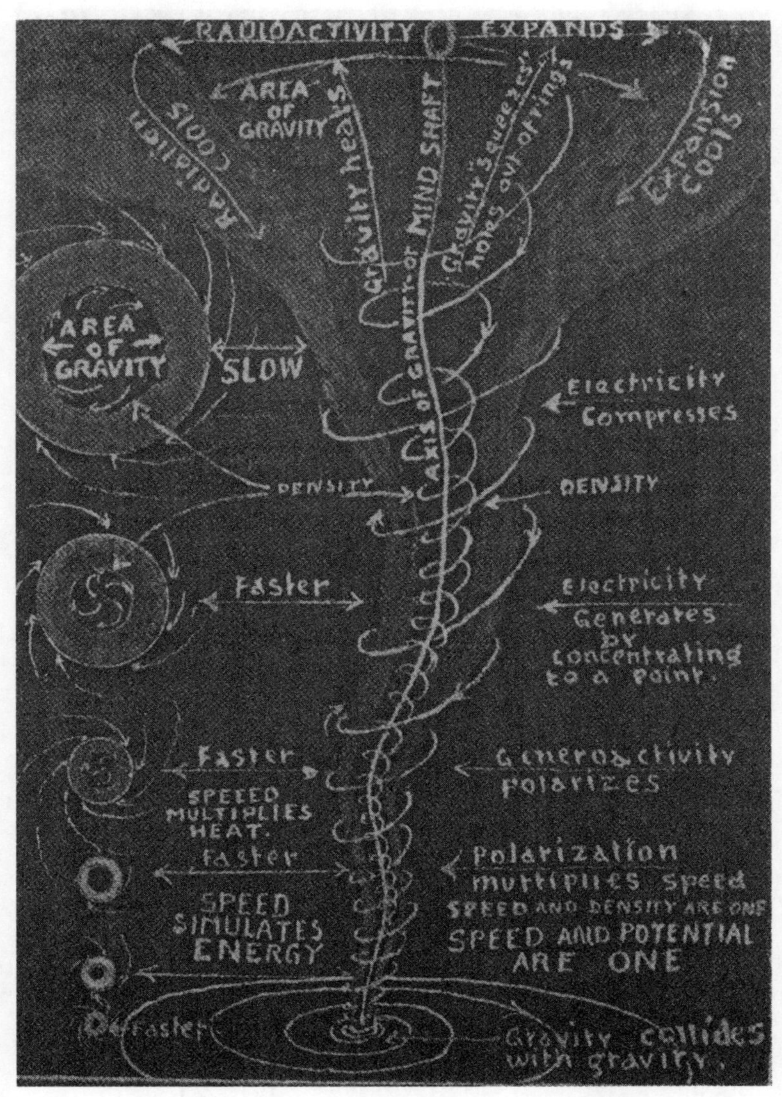

ELEKTRISCHE KOMPRESSIONSPRINZIPIEN. Analyse der Beziehung der Ruhe zur Bewegung und von Energie zu den Ausdrucksformen jener Energie.

Von Dr. Walter Russel

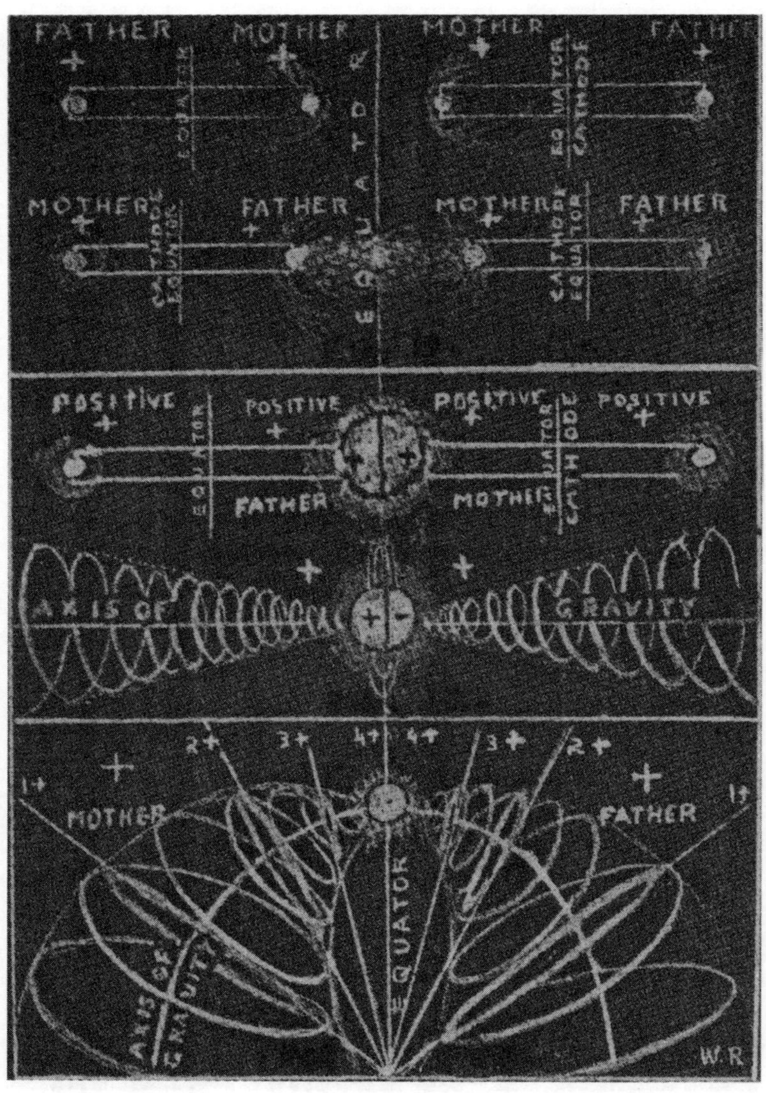

Darstellung des Vater-Mutter-Prinzips beim Erschaffen von Körpern durch Aufteilung des Lichts in polarisierte Einheiten und beim Reproduzieren von Körpern durch Vereinigung von zwei entgegengesetzt gerichteten Einheiten durch zentripetale Kompression. POLARITÄT und Geschlecht sind EINS. Geschlecht und elektrisches Potential sind EINS.

Von Dr. Walter Russel

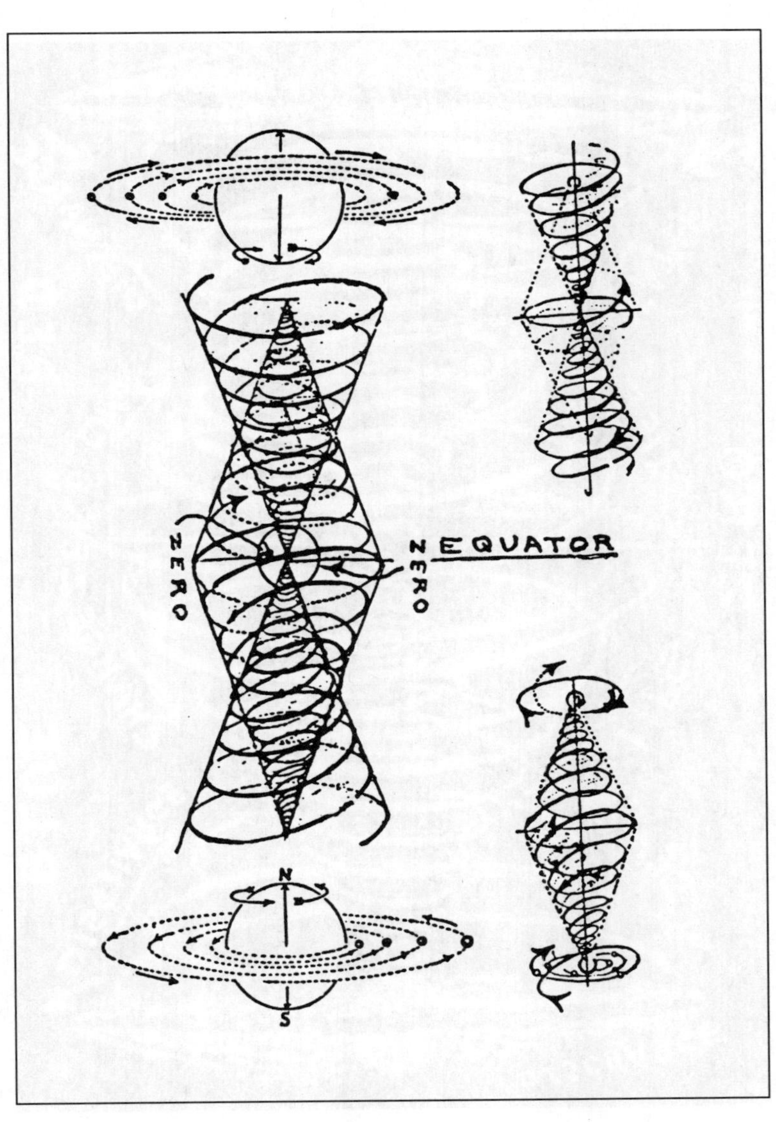

Kompletter Lebens-Todeszyklus wie er im elektrischen Strom manifestiert ist.

Von Dr. Walter Russel

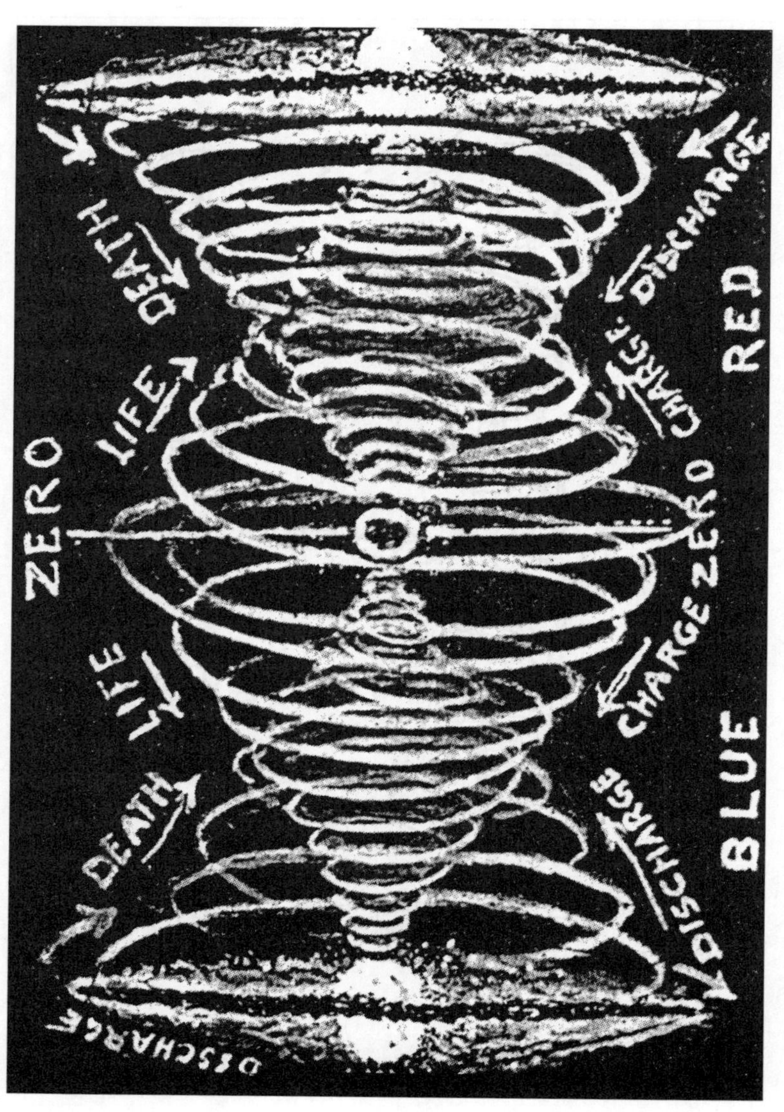

Kompletter Lebens-Todeszyklus wie er im Himmel manifestiert ist.

wird, wenn das Potential anfängt sich zu drehen. Der Rest ist einfach. Wenn genug Gravitation einfließt, dann wird der elektrische Brennpunkt zu einem Energiering, der nicht mehr zum Zentrum hin kollabieren kann. Für den Schulunterricht zum Thema Elektrizität hat dies fundamentale Bedeutung. Wenn Strom durch einen Draht fließt, dann dehnt sich ein Feld nach außen hin aus. Wenn der Strom unterbrochen wird, dann bricht das Feld zusammen. In der Elektronik wird dies "Hintergrund EMF" oder Hintergrund Elektromotorische Kraft genannt. Wenn wir vorbeugen, daß der elektrische Ring-Brennpunkt kollabiert und den Gravitationseintrag andauern lassen, dann erleben wir eine Überraschung, denn die Konzentration wird Masse, die von unseren fünf Sinnen wahrnehmbar ist.

Persönlich habe ich mich über all diese Dinge viel Jahre gewundert, darüber nachgedacht und nachgeforscht. Das Verständnis dafür kommt nicht über Nacht, einige wenige Dinge vielleicht ausgenommen, und diese Art von kosmischer Erleuchtung macht es absurd, allabendlich nach der Arbeit vor dem Fernsehapparat zu sitzen. Wenn ich auf meine Jahre als Schuljunge zurückschaue und mich daran erinnere, wie ich meinem Lehrer in der 4. Klasse sagte, daß Atome und das Sonnensystem nach den gleichen Prinzipien funktionieren, dann muß ich darüber etwas lächeln. Obwohl ich es noch verstehe.

Russell's Erklärung

Russell erklärt Aktion und Reaktion. Er schreibt: "Das vielleicht wohl fundamental falscheste Konzept ist das elektrische Gesetz nach Coulomb, das aussagt, daß Gegensätze sich anziehen und daß Gravitation auch eine Kraft ist, die von ihrem Inneren nach innen zieht und andere Körper anzieht, obwohl diese Aussagen tatsächlich beide das Gegenteil der Tatsachen der Natur sind und nur falsch verstanden wurden. Gekoppelt an dieses unnatürliche Konzept ist das ebenso unnatürliche Konzept, daß das Universum vor zwei Milliarden Jahren ERSCHAFFEN WURDE und nun seine Energie abstrahlt, anstatt daß es für die Ewigkeit ERSCHAFFEN WORDEN IST."

Er fährt fort: "Mit diesem Konzept gibt es keinen Raum für einen *zunehmenden Energiefluß,* sondern nur für einen abnehmenden Energiefluß. Wissen über das Wesen der Elektrizität würde jene Idee vertreiben, die davon ausgeht, daß das Universum sich auf der Straße des Sterbens befindet. *Es gibt zwei entgegengesetzte Prozesse* bei jeder elektrischen Pulsation. Der eine ist der GENEROAKTIVE, der die Kompression vervielfacht. Dies ist der *zunehmende Energiefluß* der Natur zur Erhöhung der Ladung. Der andere ist der RADIOAKTIVE, der die Ausdehnung vervielfacht und dies ist der *abnehmende Energiefluß,* der die Ladung reduziert. Aus diesem Grund wird es Zeit, daß wir anfangen, die wahre Natur der Elektrizität und des Magnetismus zu erkennen, anstatt nur Theorien danach aufzustellen, was uns unsere Sinne mitteilen."

So ist die Gravitation nun die generoaktive Pumpe des Universums. Die elektrische Bewegung ist der Brennpunkt der Gravitation. Die Natur speichert

Energie durch rotierende elektrische Felder, die wir als elektrisches Potential kennen - Ringstrukturen. Was machen wir nun damit? Lassen Sie uns die Möglichkeiten, basierend auf anerkannten Fakten, betrachten und unsere Aufmerksamkeit der praktischen Anwendung zuwenden.

Ein Autor namens RHO SIGMA hat einiges über Gravitationsforschung veröffentlicht, die von einem Mann namens John R. R. Searl durchgeführt wurde. Das Buch "ETHER-TECHNOLOGIE - A rational approach to gravity control" (=Äthertechnologie - Eine rationale Annäherung an die Gravitationskontrolle; Anm. d. Übers. / erhältlich von Adventures Unlimited) enthält einige sehr interessante Daten und Kommentare, die sich nicht nur auf das Ätherkonzept beziehen, sondern auch tatsächlich belegt, daß die Form der Funktion folgt und dadurch eines der größten Rätsel löst: was sind die "fliegenden Untertassen" und wie ist es ihnen möglich, sich so zu bewegen - dies steht vor der Enthüllung.

Bevor wir näher auf Herrn Searl eingehen wollen, werden Sie sicher daran interessiert sein, zu wissen, daß in Deutschland schon um 1940 Gravitationsforschung durchgeführt worden ist und daß tatsächlich Prototypen von fliegenden Scheiben gebaut und geflogen wurden. Einige dieser Wissenschaftler hatten Flugscheibentypen entwickelt, die eine Höhe von 12.400 Metern in drei Minuten erreichen konnten und eine Spitzengeschwindigkeit von 2.200 Stundenkilometern erreichten. Die Flugscheibe konnte bewegungslos schweben und konnte genau so schnell rückwärts wie vorwärts fliegen. Einige der größeren Scheiben erreichten Durchmesser von 50 Meter.

Ein Österreicher namens Viktor Schauberger entdeckte das, was er als das "Implosionsprinzip" bezeichnete und entwickelte einen Motor, der auf diesem neuen Konzept basierte. Der Motor verbrauchte nur Luft und Wasser, während er Licht, Hitze und Bewegung erzeugte. In Schaubergers

Implosionsmotor war Diamagnetismus eingesetzt worden, der den Auftrieb durch “diamagnetische Levitation” ermöglichte. Dies war in ihrer damaligen Zeit der Begriff für Antigravitation, wie wir ihn heute noch verwenden. In Wien hob ein 3 Meter großes Modell in einer so überraschend großen Geschwindigkeit vertikal ab, daß es die Hangardecke in 7,5 Meter Höhe durchstieß und in tausend Teile zerbrach. Herr Schauberger wurde nach dem Krieg zum “Besitz” der US-Regierung, während verschiedene andere deutsche Gravitationsforscher nach Rußland gebracht wurden, um das Programm weiter zu entwickeln.

Als Viktor Schauberger in den USA war, erklärte er die Tatsache, daß sein Implosionsmotor nach dem Prinzip des Wasservortex arbeitete, bei dem Wasser durch einen Ringrohr am Rand außen herum und durch ein anderes 90 Grad senkrecht zur Ringrotationsebene stehendes Rohr durch das Zentrum der Scheibe gepumpt wurde. Dies verursachte nach Aussagen von Schauberger eine atomare Niederdruckzone, die innerhalb von Sekunden einen *fallenden Temperaturgradienten* entwickelte, wenn entweder *Luft oder Wasser* sich radial und axial unter bestimmten Bedingungen bewegen.

Private amerikanische und kanadische Interessengruppen boten Schauberger $3.500.000, damit er das Geheimnis seines Motors enthüllen würde, trotzdem war Schauberger nicht bereit auch nur ein Modell vorzuführen, bevor nicht eine provisorische internationale Interrimsvereinbarung unterzeichnet war. Letztendlich unterschrieb er einen Vertrag mit einer amerikanischen Gruppe, aber er starb dann plötzlich 4 Tage später im September 1958, nachdem er kurz zuvor seinen Freunden mitgeteilt hatte “ich gehöre nicht mal mehr mir selbst.”

Seit die USA und Rußland an dieser Technologie interessiert waren, haben sie diese Technologie zweifellos in einen Mantel des Schweigens gehüllt. Es sind sicher irgendwo ungeheureliche Weiterentwicklungen in diesem Bereich gemacht worden und jede(r) unvoreingenommene LeserIn muß zugeben, daß die deutschen Flugscheiben eine neue Ära der Flugtechnik in diesem Jahrhundert eingeläutet haben. Wir erinnern Sie an das alte indische Manuskript “Science of Aeronautics” (=Wissenschaft der Aeronautik; Anm. d. Übers.).

Ebenso wurden in den 30er und 40er Jahren die berühmten Levitationsexperimente von Thomas Townsend Brown bekannt, bei denen er vorführte, daß hoch aufgeladene Scheiben die Tendenz haben an Gewicht zu verlieren und in einigen Konfigurationen tatsächlich schwebten. Wir werden bald wieder auf das wissenschaftliche Projekt des jungen Mannes zurückkommen.

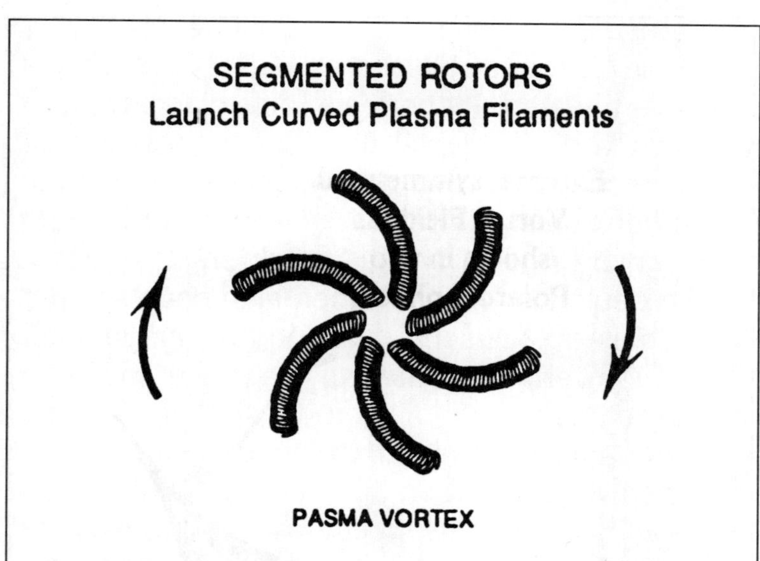

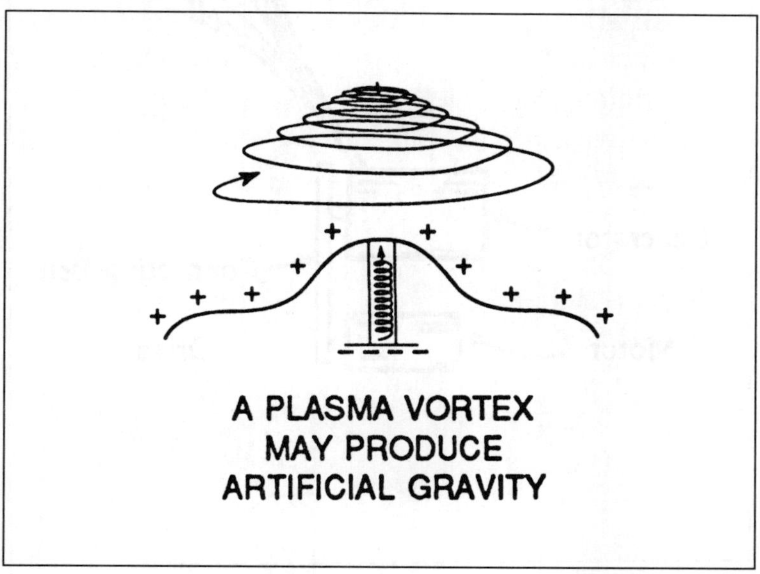

Dies sind Beispiele von Vortexkonzepten, die von Moray B. King in seinem Buch "Tapping the Zero - Point Energy" (=Anzapfen der Nullpunktenergie; Anm. d. Übers.) dargestellt werden. Empfehlenswert für Erfinder.

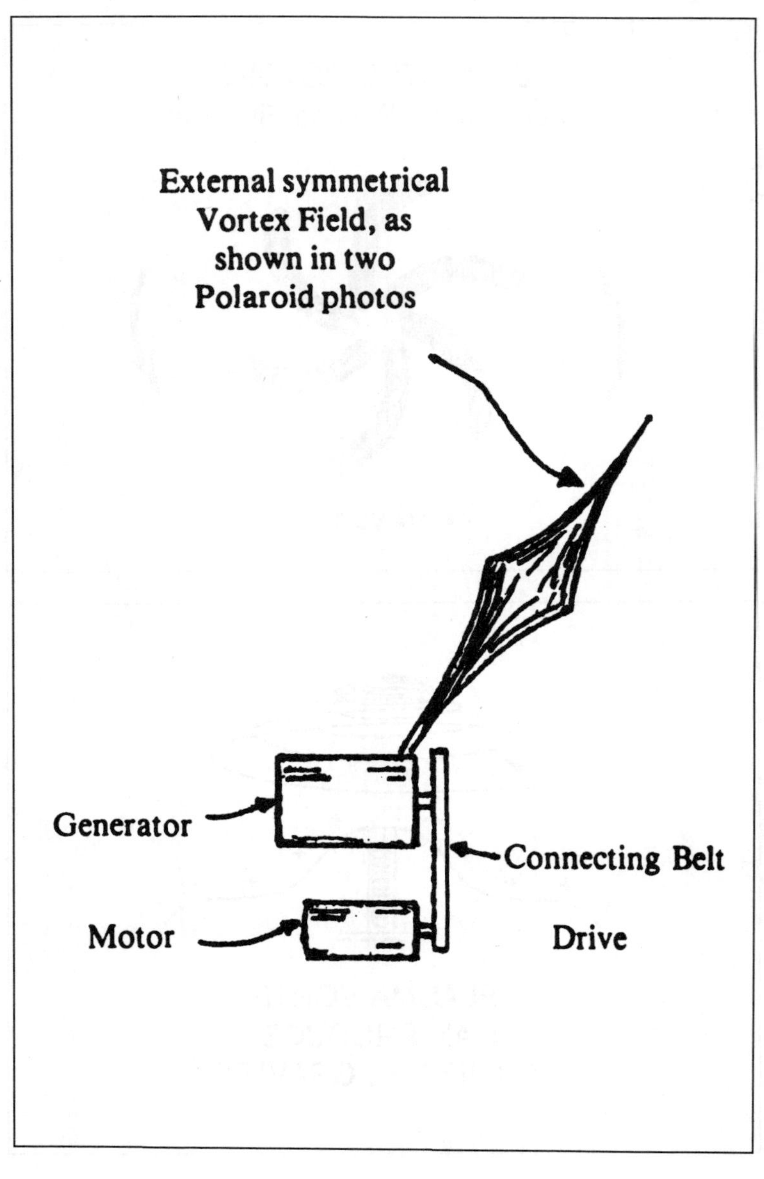

Dies ist eine Zeichnung, die von einem Foto abgezeichnet wurde, welches in Kanada aufgenommen wurde, als ein freie Energie Konverter getestet wurde. Die Kamera nahm etwas auf, was wie Energiegewinnung aus der direkten Umgebung aussieht.

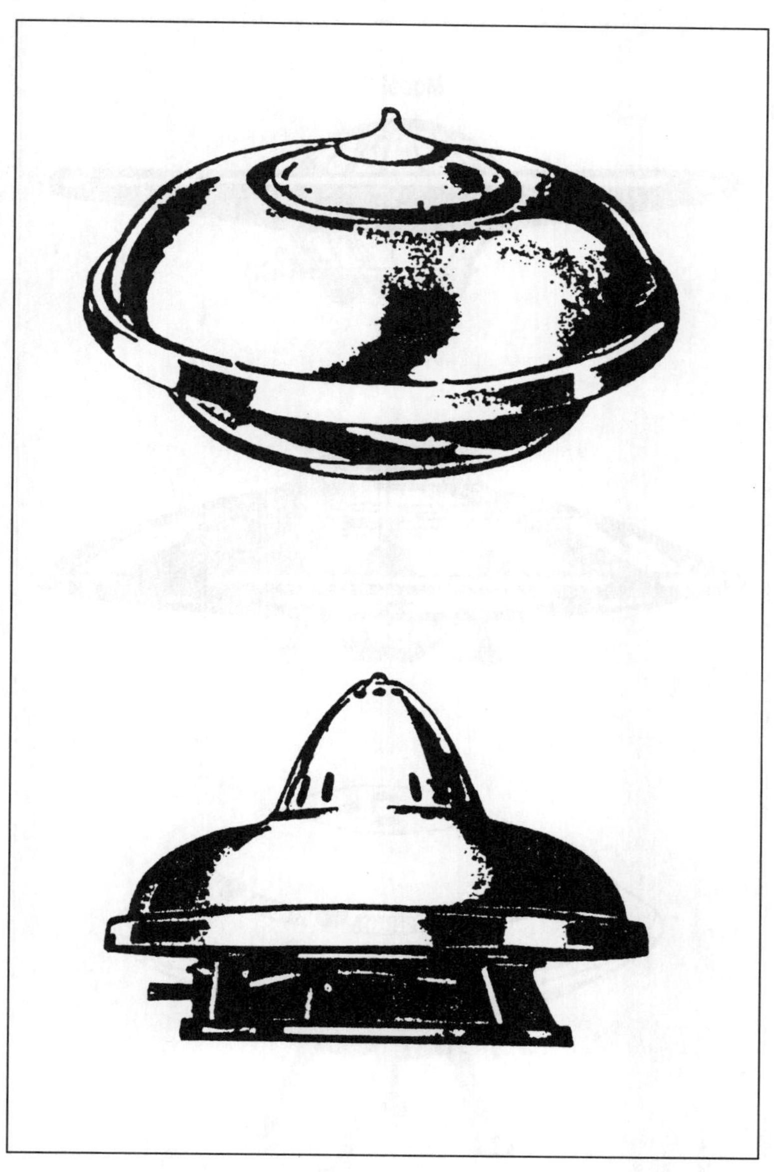

Hier sind zwei Beispiele von Viktor Schaubergers "Implosionsmotor" abgebildet, die eine sogenannte diamagnetische Levitation verursachten.

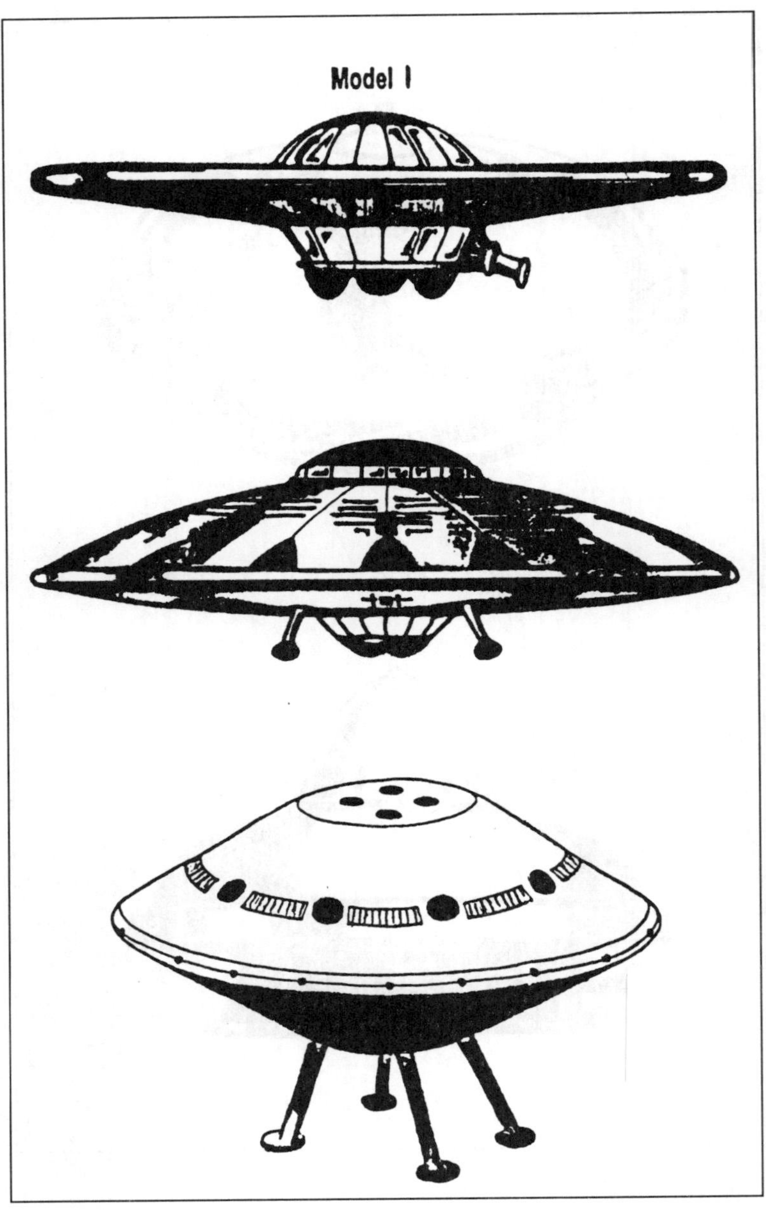

Hier sehen Sie drei Varianten der Flugscheiben, wie sie von den Deutschen gebaut wurden, basierend auf Schauberger und den Bemühungen des Teams.

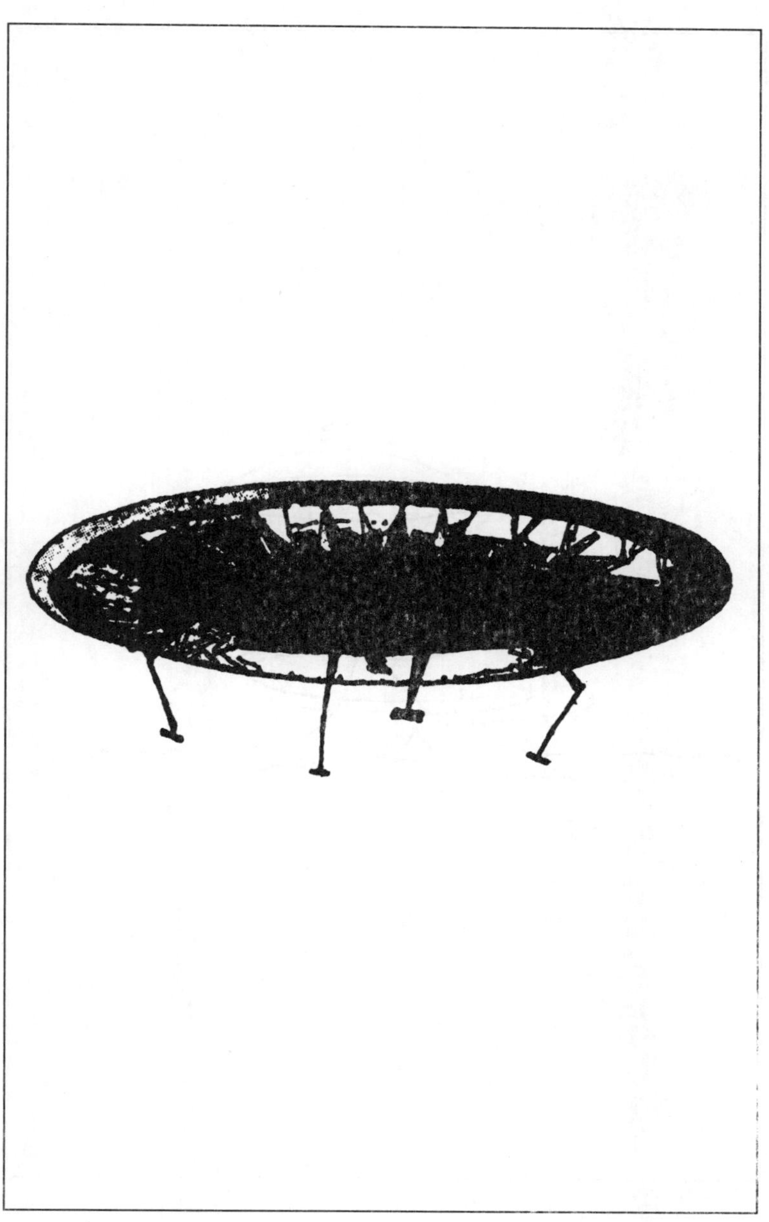

Dies ist eines von Searls fliegenden Prototypenmodellen mit etwa 1,5 - 1,8 Meter Durchmesser. Die Prototypen, die später gebaut wurden, hatten einen Durchmesser von etwa 10 Meter.

Viele separate Zwischenfälle mit diesem Effekt wurde von Menschen überall in der Welt beobachtet.

Searl's Ätherkonverter

John Searl lebte 1949 in England und war als Elektroinstallateur angestellt und hegte viel Interesse an der Elektrizität, obwohl er zu dieser Thematik keine formale Ausbildung gemacht hatte, obwohl dies eigentlich für seine Arbeit erforderlich gewesen wäre. Unbeeinflußt von konventionellen Ideen führte er seine eigenen Untersuchungen an Elektromotoren und Generatoren durch. Während er daran arbeitete nahm er wahr, daß ein kleines elektromagnetisches Feld bei drehenden Metallteilen entstand, weshalb er fortfuhr den Effekt zuverstärken, indem er verschiedene Gleitringe verwandte. Er nahm wahr, daß sich seine Haare in dem erzeugten Feld sträubten, wenn sich der Ring frei drehte. Er entschloß sich einen Generator nach diesem Prinzip zu bauen.

Im Jahre 1952 war der erste Generator (Ätherkonverter) fertig zusammengebaut und von Searl zusammen mit einem Freund getestet worden. Er hatte etwa 90 Zentimeter Durchmesser und war durch einen kleinen Motor in Bewegung versetzt worden. Die Vorrichtung produzierte die erwartete elektrische Leistung, aber bei einem unerwartet hohen elektrischen Potential von 100.000 Volt. Während sich die Geschwindigkeit noch immer erhöhte, löste sich der Generator von dem Motor und erhob sich in eine Höhe von etwa 17 Meter. Hier blieb der Rotor für eine Weile, seine *Drehzahl immer noch steigernd,* und die Luft in der direkten Umgebung des Rotors änderte seine Farbe in ein rosarotes Halo. Zuletzt arbeitete der beschleunigte Generator mit einer fantastischen Drehzahl und es wird angenommen, daß er in den Weltraum verschwand. Seit jenem Tag haben Searl und andere zahlreiche kleine

Flugobjekte gebaut, einige von ihnen gingen auch verloren. Es wurde ein Weg zur Kontrolle entwickelt und später wurden Flugkörper mit Durchmessern von 4 bis 10 Meter gebaut.

Ein kurzer Streifzug durch die interessanten Effekte, die von dem Gerät erzeugt wurden:

1. Levitation
2. Sehr starke elektrostatische Felder
3. Die Felder verursachten eine Wechselwirkung mit Radiogeräten der Umgebung.
4. Wenn die Maschine ein bestimmtes Potential überschreitet, geht der Energieaustrag *über* den Energieeintrag *hinaus.*
5. Jenseits des Schwellenpotentials wird der Generator (=Konverter) trägheitsfrei. Er hat offenbar keine Masse mehr.
6. Die Effekte des Feldes um den Flugkörper, das die örtliche Umgebung ionisiert, erzeugt ebenso ein fast vollständiges Vakuum um ihn herum. Die Effekte speziell um die äqutoriale Ebene des Flugkörpers haben die Tendenz alle außerhalb befindliche Materie fernzuhalten. Eine Art von Kraftfeld.
7. Die bevorzugte Bewegungsrichtung bei ultrahohen Geschwindigkeiten ist von dem Planeten weg gerichtet, wenn der Rotor des Generators in einem Winkel von 90 Grad zum Gravitationsfeld steht. Wenn der Flugkörper horizontal fliegen will, nimmt der Flugkörper einen dem Gravitationsfeld angepaßten Winkel ein, damit er die Balance zwischen zwei ähnlichen Vektorfeldern erreicht. In anderen Worten, der Flugkörper kippt oder neigt sich in die horizontale Richtung, in die er sich bewegt.

8. Materie wird während der Beschleunigung angezogen. Dies geschieht, wenn sich der Flugkörper auf dem Boden befindet und das Triebwerk plötzlich eingeschaltet wird. Der aufsteigende Flugkörper nimmt Teile des Bodens mit sich. Wenn er flach über eine Wasseroberfläche fliegt, dann würde sich das Wasser in Richtung der Unterseite des Flugkörpers auftürmen. Das Gerät kann sich wahrscheinlich nicht von der Erde abstoßen, wenn es Materie von darunterliegendem Grund anzieht.
9. Wenn der Flugkörper zu lange über dem Boden schwebt, wird der Boden warm und das Gras verbrennt. Ebenso entstehen bei feuchten Bedingungen Niederschläge oder es erscheinen kleine Wolkenformationen oberhalb oder um den Flugkörper.

Der letzte Effekt, Niederschläge, war auch von Nikola Tesla in seinem Labor festgestellt worden, da seine Energie produzierende Spulen spiralförmig aufgebaut waren, die Gravitationsbrennpunkte erzeugten und dadurch wurden Wassermoleküle oberhalb der Spule angezogen.

Es sollte darauf hingewiesen werden, daß das Raumgefüge (Äther) nur in geringem Umfang in Energie umgewandelt wird. Trotzdem führen geringe Veränderungen im Äther aufgrund des großen Potentials der Wellenenergie zu ausgedehnten physikalischen Effekten.

Die Punkte, die ich oben aufgeführt habe, sind auch zu verschiedenen Zeitpunkten als Begleiteffekte von UFO-Aktivitäten festgestellt worden. Der scheibenförmige Ätherkonverter von Searl ist real und irgendwo auf dieser Welt wird daran gearbeitet.

Ich kann ALL diese Effekte erklären, indem ich sie einfach mit der Mechanik des Gravitationsvortex deckungsgleich mache.

9. Wir wollen vom letzten zum ersten Punkt zurückgehen. Ich habe schon über Niederschläge berichtet. Nun müssen Sie Ihr mentales Hologramm benutzen und sich bildlich einen kopfstehenden Tornado aus wirbelnder Energie vorstellen, der von dem Flugkörper erzeugt wurde und tatsächlich geht er durch den Flugkörper *hindurch* nach oben mit seinem *Brennpunkt oberhalb des Flugkörpers*. Wenn das Aggregat sich in der Nähe der Erdoberfläche befindet, dann berührt das breitere Ende des Energietrichters den Boden. Die Erde strahlt wie alle Dinge den Ausfluß der Gravitation aus, was als Strahlung bezeichnet wird. Indem das Aggregat den Energietrichter bis zur Erde hinabreichen läßt, nimmt es von einem begrenzten Gebiet einiges von der natürlichen Erdstrahlung auf, die durch den Grund und das Gras in konzentrierter Form nach oben gesaugt wird. Dieses verursacht natürlich die Erhitzung und den Verbrennungseffekt. Wenn ein Searl-Aggregat über ein fahrendes Auto positioniert wird, dann bin ich mir sicher, daß das Auto streiken und die gesamte Elektronik ausfallen würde, bis sich das Aggregat entfernt hätte.

8. Das Anziehen von Materie während der Beschleunigungsphase auf der Oberfläche geschieht deshalb, weil der Trichter plötzlich aktiviert wird. Wie Sie sehen hat bei einem Vortex die Trichteröffnung einen ziehenden Effekt auf den Brennpunkt zu gerichtet. Tatsächlich sind saubere runde Löcher von Searl's Flugkörper in den Boden geschnitten worden. Von UFO's ist

bekannt, daß sie über Autos geflogen sind und sie herum gedreht haben. Da Wasser eine Flüssigkeit ist, nimmt eine kopfstehende Wasserhose die Form eines Gravitationsvortex unterhalb eines Flugkörpers über Wasser ein. Ein gelandeter Flugkörper wird nicht auf den Boden gezogen, da sich der Gravitationsbrennpunkt immer oberhalb des Flugkörpers befindet und jegliche Wechselwirkung unterhalb des Flugkörperäquators überwindet.

7. Wenn ein Flugkörper senkrecht nach oben fliegt, dann neigt er sich nicht zur Seite. Wenn man Richtungsspulen innerhalb des Flugkörpers verwendet, dann kann man tatsächlich eine Krümmung hervorrufen und dadurch den Brennpunkt oberhalb zu einer Seite bewegen. Die *Achse des Flugkörpers* neigt sich nun zum Brennpunkt und der gesamte Flugkörper bewegt sich dann in diese Richtung. Die Achse versucht immer sich auf den Brennpunkt auszurichten. Die Achse eines sich auf der Erdoberfläche bewegenden Objektes ist auf den Gravitationsbrennpunkt im Zentrum der Erde gerichtet. Die Rotationsebene oder der Äquator des Objektes befindet sich in einem Winkel von 90 Grad zu der vertikalen Gravitationsachse.

6. Die Energie, die nicht zur Erzeugung des Vortex benötigt wird, wird am Rand oder am Äquator des Flugkörpers wieder abgegeben, sehr ähnlich dem Saturn und seinen Ringen. Dies führt zu einer Ionisation der Luft, die dann anfängt in verschiedenen Farben zu glühen. Eine Art von Energiehülle, genauer gesagt ein Feld resultiert daraus. Man kann sich dem Flugkörper von unten her nähern, wenn er sich schon hoch genug befindet,

aber es wird schwierig sein ihn direkt von der Seite her anzufliegen, solange das Feld nicht abgeschwächt oder ausgeschaltet worden ist. Eine Folge davon ist, daß es für Luftmoleküle zwischen dem Feld und dem Flugkörper keinen Raum gibt. Ein Vorteil dieses fast-Vakuum-Nebeneffekts um den Flugkörper besteht darin, daß nun die Luft um den ganzen Körper ohne den Widerstand der Luftreibung gleiten kann.

5. & 4. Ab einem bestimmten Punkt oder wenn das Einfließen von Äther die natürliche Erzeugung eines Vortex und aller damit verbundenen Felder übernommen hat, befindet sich der Flugkörper im Auge des Vortex. Er ist nun in annäherndem Ruhezustand. Alle Bewegung geschieht bei der Rotation *um* das Flugobjekt *herum*. Eine Achse von offensichtlicher Ruhe, wie das Auge eines Hurrikans, geht durch den Flugkörper hinauf. Alles, was sich innerhalb des Flugkörpers befindet, würde keinerlei Bewegung wie Beschleunigung, plötzliche Brems- oder scharfe Wendemanöver fühlen. Man könnte tatsächlich abdrehen oder den Brennpunkt in eine andere Richtung bewegen, die Spulen um einen Viertelskreis von ihrer vorhergehenden Position verdrehen und während sich der Brennpunkt wiederherstellt, würde jemand, der dies von außerhalb beobachtet aussagen, daß gerade eine schlagartige 90 Grad Wende durchgeführt worden ist.
Manchmal habe ich das Gefühl, daß uns die UFO's ein wenig davon zeigen. Es ist so, als ob sie sagen wollten: "Los, findet heraus, wie das funktioniert."

3. Die assoziierten Felder durch und um den Flugkörper entfalten in der direkten Umgebung

ihre stärkste Wirkung. Trotzdem werden sekundäre Wellen erzeugt, die wahrscheinlich ein breites Spektrum abdecken - einschließlich der Radiofrequenzen.

2. Wir würden sehr starke elektrostatische Felder als einen sekundären Effekt erwarten. In der Nähe von Tornados werden ebenso sehr starke elektrostatische Felder erzeugt.
1. Der Flugkörper würde sozusagen *auf den oberhalb gelegenen Gravitationsbrennpunkt zufallen.* Es ist etwas verwirrend, wenn man sagt, daß es ein kontrollierter Fall nach oben ist. Das Gravitationsfeld oberhalb des Flugkörpers ist eben dichter als die lokale Gravitation auf ihrem Weg zum Zentrum der Erde. Sie ist konzentrierter.

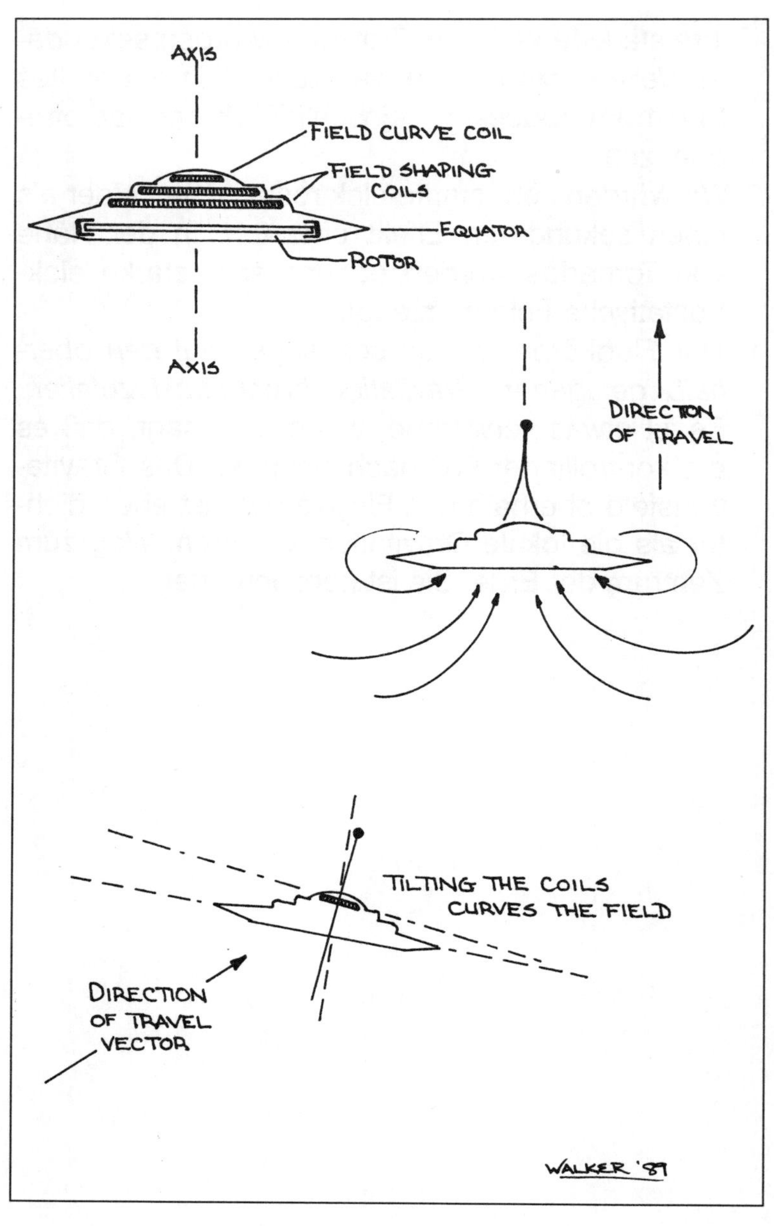

SCHEIBEN-DYNAMIK - Form und Richtung des Vortex bei schwerelosem Flug.

Die Form folgt der Funktion

Wenn ich ein Bewegungssystem bauen würde, das auf einem Ring oder Rotor basieren würde, dann hätte der natürlichste Behältertyp eine runde Form wie ein gewöhnlicher Motor. Wenn ich meinen Rotor wie eine flache Platte konstruieren würde, dann hätte mein Behältnis dafür die Form einer Untertasse oder einer konvexen Linse. Wenn der Flugkörper wie eine Linse geformt ist, dann unterstützt dies dessen Fähigkeit, als Brennpunkt zu wirken. Wenn Sie schon einmal gesehen haben, wie ein Vergrößerungsglas zur Entzündung eines Feuers verwendet wird, dann haben Sie in dem aufsteigendem Rauch die durch die Linse gehenden Lichtstrahlen gesehen, die sich kegelförmig bündeln. Dort wo der Lichtkegel an der Spitze zusammenkommt, ist der Konzentrationspunkt der Energie.

Im wesentlichen folgt die Form einer Untertasse exakt ihrer Funktion, um ein rotierendes Potential zu erzeugen - einen Gravitationsbrennpunkt. Es funktioniert mit der Natur. Der Grund, weshalb eine Flugscheibe auf der Oberseite mehr Aufbauten hat, hat wohl damit zu tun, daß die Piloten Quartiere benötigen und daß dort die Spulen für die Richtungskontrolle des Vortex untergebracht sind oder für den Fall eines ferngesteuerten Flugkörpers sind es nur die Spulen. Ich habe ernste Zweifel daran, daß eine oben aufgebaute Kuppel als Beobachtungsplattform verwendet wird, sondern eher als Einstiegsluke verwendet wird. Ein Jet-Kampfflugzeug ist eine Sache. Eine Untertasse, na ja ...?

Wenn man einfach nur einen flachen Rotor baut, der ein rotierendes Feld erzeugt, dann würde sich schon der Raum zum Zentrum hin krümmen und wieder mit der gleichen Krümmung zurückgehen. Wenn man nun oberhalb des Rotors einige zusätzliche Spulen anbringt, die oberste sollte die kleinste sein, dann wird damit die Form der Krümmung beeinflußt. Eine gute Größe für ein Modell wäre ein Rotor mit 90 Zentimeter Durchmesser und eine oberhalb liegende Spule mit 60 Zentimeter Durchmesser und einem Wicklungsdurchmesser von 22,5 Zentimeter. Nun krümmt sich der Raum nach innen und wird in immer kleinere und kleinere konzentrische Ringe gezwungen. Wenn diese nun die Oberseite verlassen, dann sind sie fast auf einen Punkt konzentriert. Sie sind fokusiert. Wenn ich darüber nachdenke, dann wird mir klar, daß fokusierende Spulen kein neues Konzept sind. Wenn Sie nur das Grundprinzip eines Fernsehgeräts kennen, dann wissen Sie, daß fokusierende Spulen dafür benutzt werden, die Elektronenstrahlen genau auf die Bildschirmoberfläche auszurichten. Das Prinzip spricht für sich selbst.

„Ich habe in fairer Weise über bestimmte Prinzipien gesprochen, von denen ich ausgehe, daß sie von universeller Natur sind. Wenn ich universell sage, dann meine ich, daß sie weiter reichen, als wir sehen können. Ich kann nicht dafür verantwortlich gemacht werden, wenn jemand ein Aggregat zur Nutzbarmachung der freien Energie erfindet und dafür kein Patent erhält oder falls jemand auf den Prototypen einer Anti-Schwerkraftscheibe klettert und dann zuletzt gesehen wurde, wie er/sie sich an sein/ihr Leben klammerte, als die Scheibe in den Weltraum hinausschoß.

Ich bin auch nicht verantwortlich für hochgezogene Augenbrauen, Unterhaltung in späten Nachtstunden oder für übermäßig lange Trance-ähnliche Zustände als Folge des intensiven Lesens dieses Materials.“

John T. Walker

John Walker war sein Leben lang ein Student. Für sich alleine und verbunden mit den Bemühungen anderer Individuen befaßte er sich mit der universellen Wissenschaft oder was auch als die nicht etablierten Wahrheiten der Wissenschaft betrachtet werden, die nun für eine zweite Chance im Bewußtsein der Menschheit zurückkommen. Er hat Vorträge für die U.S. Psychotronics Association gehalten und hat mit zahllosen Autoren/Forschern Kontakt gehabt, die kontroverse wissenschaftliche Themen untersucht haben.

Herr Walker freut sich auf Korrespondenz mit anderen Menschen und kann über folgende Adresse kontaktiert werden:

Delta Research
2675 W. Hwy. 89 - A, #777
Sedona, Arizona 86336 USA

Wie ich die Gravitation kontrolliere

von

T. Townsend Brown

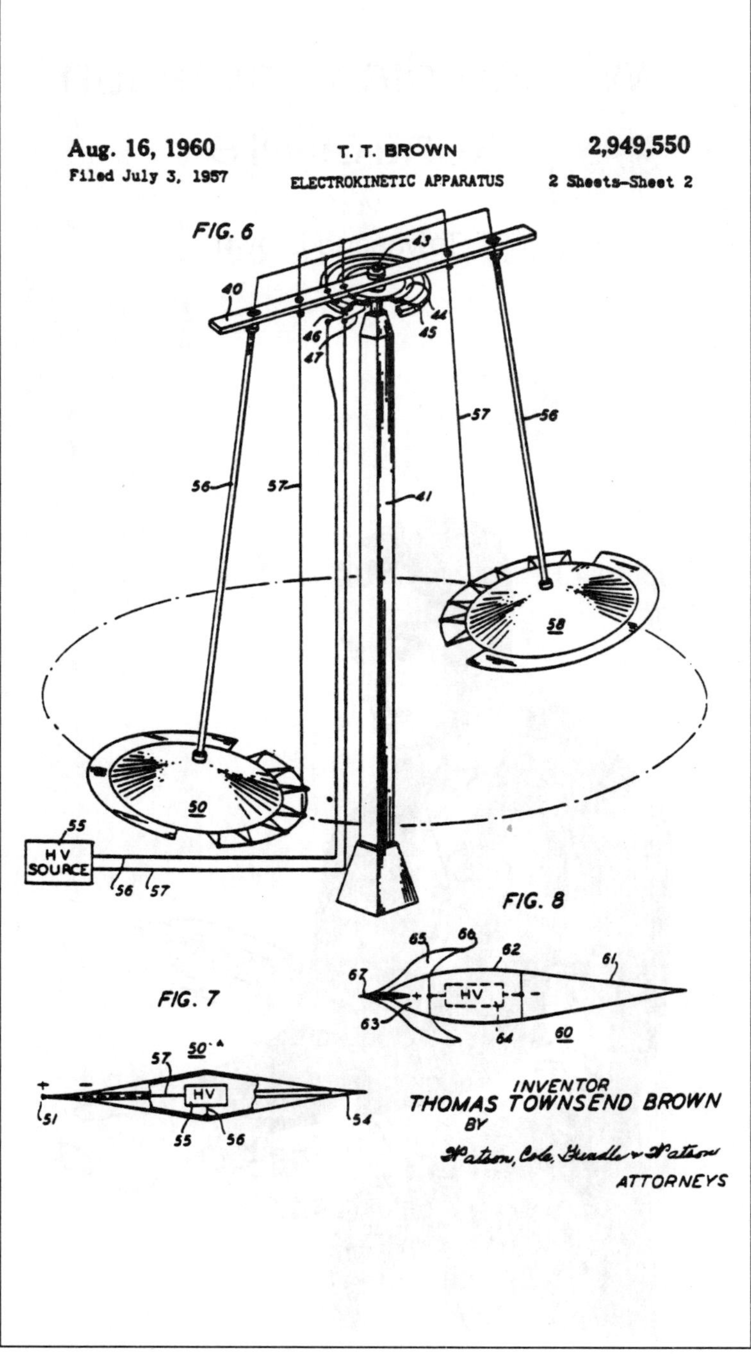
Aug. 16, 1960
T. T. BROWN
2,949,550
Filed July 3, 1957
ELECTROKINETIC APPARATUS
2 Sheets-Sheet 2
FIG. 6
43
40
44
45
46
47
57
56
56
57
41
58
50
55
HV
SOURCE
56
57
FIG. 8
65
66
62
61
67
HV
63
64
60
FIG. 7
50
57
HV
51
55
56
54
INVENTOR
THOMAS TOWNSEND BROWN
BY
ATTORNEYS

Ein früher Artikel von Brown befaßt sich, wie es in der Einleitung des Artikels erwähnt ist: *"mit der Bedeutung von Einsteins "Feldtheorien" und der Beziehung zwischen der Elektrodynamik und der Gravitation."*

Es gibt eine entschiedene Tendenz in der wissenschaftlichen Physik die großen Basisgesetze solch individueller Phänomene wie der Gravitation, der Elektrodynamik und sogar der Materie selbst durch eine einzige Struktur oder Mechanismus zu vereinigen und zu verbinden. Es wurde schon herausgefunden, daß Materie und Elektrizität in ihrer Struktur sehr eng miteinander verbunden sind. In der Schlußanalyse verliert die Materie ihre traditionelle Individualität und wird gänzlich ein "elektrischer Zustand." Tatsächlich muß man sagen, daß der gegenständliche Körper des Universums nichts weiter als eine Ansammlung von Energie ist, welche in sich selbst immateriell ist. Es ist natürlich selbstverständlich, daß Materie mit der Gravitation verbunden ist und es folgt logischerweise, daß Elektrizität ebenso damit verbunden ist. Diese Beziehungen existieren im Bereich der reinen Energie und sind deshalb von sehr grundsätzlicher Natur. In der ganzen Realität bilden sie das wahre Rückgrat des Universums. Es ist überflüssig zu sagen, daß diese Beziehungen nicht einfach sind. Unglücklicherweise sind sie bis zur Gegenwart noch nicht richtig verstanden worden. Das Handikap sind die noch fehlenden Informationen über die wahre Natur der Gravitation.

Die *Relativitätstheorie* verleiht dem Subjekt ein neues und revolutionäres Licht, indem sie eine neue Konzeption für Raum und Zeit zur Sprache bringt.

Die Gravitation wird so zu einer natürlichen Überwindung des sogenannten "verzerrten Raumes". Sie verliert ihre Newtonsche Interpretation als eine immaterielle mechanische Kraft und erreicht den Rang einer "sichtbaren" Kraft, die gänzlich zum Raum dazugehört.

Felder im Raum werden durch die Anwesenheit von materiellen Körpern oder von elektrischen Ladungen erzeugt. Es sind Gravitationsfelder oder elektrische Felder, abhängig davon, was sie verursacht hat. Offensichtlich haben sie keine Verbindung miteinander. Diese Tatsache wird durch die Beobachtung eines Effektes belegt, der zeigt, daß elektrische Felder abgeschirmt und aufgehoben werden können, während Gravitationsfelder annähernd perfekt eindringen können. Diese Verschiedenartig-keit war die hauptsächliche Schwierigkeit für jene, die versuchen eine kombinierte Theorie aufzustellen.

Es waren die eigenen genauen Untersuchungen von Dr. Einstein erforderlich, die er über mehrere Jahre hinweg durchgeführt hatte, um die Resultate zu erreichen, die andere vergeblich versucht hatten zu erhalten und um damit die einheitlichen Feldgesetzmäßigkeiten in abgesicherter Form bekannt geben zu können.

Einstein's neue Feldtheorie ist reinste Mathematik. Sie basiert nicht auf Resultaten von irgend einem Labortest und soweit es bis jetzt bekannt ist, gibt sie auch keinen Hinweis auf eine Methode, mit der eine tatsächliche Demonstration durchgeführt oder ein Beweis erbracht werden könnte. Die neue Theorie erfüllt ihren Zweck indem sie die akzeptierten Prinzipien der Relativität "abrundet" und die elektrischen Phänomene einschließt.

Die nun so ergänzte Relativitätstheorie repräsentiert das letzte Wort in der mathematischen Physik. Sie ist sicherlich eine theoretische Struktur von überwältigender Größe und Wichtigkeit. Der eingebundene Gedankengang reicht so weit, daß es noch Jahre dauern kann, bis diese Arbeit gewürdigt und verstanden werden kann.

Trotzdem hat Dr. Einstein's Bekanntgabe seines letzten Werkes die ganze Fachwelt der Physik in Aufregung versetzt, die versuchte irgendeine strukturelle Verwandschaft zwischen der Elektrodynamik und der Gravitation herauszufinden. Sie haben nicht versucht seine Begründung oder seine mathematische Struktur (da sie eines besseren belehrt worden waren) zu hinterfragen oder in Zweifel zu ziehen, da ihnen klar geworden war, daß die Verbindung existieren sollte und sie waren begierig dies herauszufinden.

Frühe Untersuchungen

Der Autor und seine Kollegen sagten die gegenwärtige Situation schon 1923 voraus und begannen zu jener Zeit die notwendige theoretische Brücke zwischen den damals separaten Phänomenen, der Elektrizität und der Gravitation, aufzubauen. Anfangs ging die Arbeit nur langsam voran, da nur wenige Informationen und brauchbare Ausrüstung verfügbar waren, aber die Suche gewann durch zunehmende Informationen an Geschwindigkeit.

Die erste wirkliche Demonstration fand 1924 statt. Es wurden Beobachtungen der einzelen und kombinierten Bewegung von zwei schweren Bleikugeln durchgeführt, die jede an einem 45 Zentimeter langen Draht aufgehängt waren. Die Kugeln wurden mit entgegengesetzten elektrostatischen Ladungen versehen und diese Ladungen wurden aufrechterhalten. Es wurden empfindliche optische Methoden angewandt, um ihre Bewegungen zu messen und diese genauen Beobachtungen kamen zu folgenden Gesetzmäßigkeiten: "Jedes aus zwei Körpern bestehende System besitzt eine gemeinsame und einheitlich gerichtete Kraft (die grundsätzlich auf der Verbindungslinie der Körper liegt), die direkt proportional zum Produkt der Massen ist, ebenso direkt proportional zu der Potentialdifferenz und umgekehrt proportional zum Quadrat der Entfernungen zwischen ihnen."

Man bemerkt bald, daß dieses Gesetz nur eine Kombination mit leichten Veränderungen von Newton's Gravitationsgesetz und Coulomb's Gesetz der elektrostatischen Anziehung ist. Im spezifischen Text dieses Gesetzes geht die Bewegung von der negativen zur positiven Richtung.

ES IST EIN EIGENARTIGES RESULTAT, DAß DAS GRAVITATIONSFELD DER ERDE OFFENSICHTLICH KEINE VERBINDUNG ZU DEM EXPERIMENT HATTE. DIE GRAVITATIONSFAKTOREN KAMEN ZU DEM EXPERIMENT DURCH BERÜCKSICHTIGUNG DER MASSE DER ELEKTRIFIZIERTEN KÖRPER.

Die neu entdeckte Kraft war ganz offensichtlich der sich ergebende physikalische Effekt der elektro-gravitationellen Interaktion. Er repräsentierte den ersten tatsächlichen Beweis für die grundsätzliche Verwandschaft. Die Kraft wurde "Gravitator-Aktion" genannt und da kein besserer Name verfügbar war wurde die Apparatur oder das System der Massen "Gravitator" genannt.

Seit dem ersten Test hatten sich die Ausrüstung und die Methoden stark verbessert und wurden wesentlich vereinfacht. Einzelne "Gravitatoren" haben den Platz der großen Bleikugeln eingenommen. Rotierende Rahmen unterstützen zwei und vier Gravitatoren und haben es ermöglicht die Beschleunigungswerte zu messen. Durch Molekular-Gravitatoren, die aus festen dielektrischen Blöcken hergestellt wurden, wurde eine noch größere Effizienz erreicht. Rotoren und Pendel, die in Öl arbeiten, haben atmosphärische Einflüße wie Druck, Temperatur und Feuchtigkeit eliminiert. Die störenden Effekte von Ionisation, Elektronenemission und reiner Elektrostatik sind ebenso analysiert und eliminiert worden. Nach vielen Jahren mit ermüdender Forschungsarbeit und der Verfeinerung der Methoden hatten wir schließlich Erfolg, wir konnten die Gravitationsveränderungen beobachten, die durch den Mond und die Sonne verursacht werden und ebenso die viel geringeren Veränderungen, die von den verschiedenen Planeten verursacht werden. Es ist eine seltsame Tatsache, daß die Effekte dann am stärksten zur Geltung kommen, wenn sich der einwirkende Körper auf der gleichen Linie der anders geladenen Elemente befindet und daß sie am wenigsten zur Geltung kommen, wenn er im rechten Winkel dazu steht.

Die meiste Anerkennung für diese Forschung gebührt Dr. Paul Biefield, dem Direktor des Swasey Observatoriums. Der Autor ist ihm zu tiefem Dank für seine Unterstützung und für seine vielen wertvollen und aktuellen Vorschläge verpflichtet.

Impulse durch Gravitator-Aktionen

Lassen Sie uns zum Beispiel einen Gravitator nehmen, der völlig in Öl eingetaucht und wie ein Pendel aufgehängt ist und entlang der Linie seiner Elemente schwingen kann.

Wenn Gleichstrom mit hoher Spannung (75 - 300 Kilovolt) angelegt ist, dann schwingt der Gravitator in seinem Bogen soweit hinauf, bis seine antreibende Kraft mit der Erdanziehung im Gleichgewicht steht, dann hält er an, bleibt aber nicht dort. Das Pendel kehrt allmählich in die vertikale oder Startposition zurück, obwohl das Potential weiter besteht. Das Pendel schwingt nur zu einer Seite der Vertikalen. Es sind weniger als fünf Sekunden erforderlich, damit das Testpendel den maximalen Ausschlag erreicht, es benötigt aber dreißig bis achtzig Sekunden, bis es wieder den Nullpunkt (=Ausgangsstellung) erreicht hat.

Die Gesamtzeit oder Dauer des Impulses ist abhängig von solchen kosmischen Bedingungen wie die relative Position und Entfernung des Mondes, der Sonne und anderen Himmelskörpern. Es wird in keinster Weise von Schwankungen der angelegten Spannung beeinflußt und vermittelt die gleichen Werte für jede Masse oder jedes Material die getestet werden. Die Dauer des Impulses richtet sich einzig und allein nach den Bedingungen, die gerade im Gravitationsfeld bestehen. Es ist ein Wert, der nicht durch den Aufbau des Experimentes, die angelgte Spannung oder des eingesetzten Gravitators beeinflußt wird. Jede beliebige Anzahl von verschiedenen Arten von Gravitatoren, die zur gleichen Zeit eingesetzt werden und an denen verschiedenen Spannungen anliegen, würden in jedem Augenblick genau die gleiche Impulsdauer aufweisen.

Wenn der Gravitator einmal komplett entladen ist und sein Impuls völlig beendet ist, dann muß das elektrische Potential über einen Zeitraum von mindestens fünf Minuten entfernt werden, da es sich sonst wieder aufladen und seinen normalen Gravitationszustand wieder erreichen könnte. Der Effekt ist der gleiche wie bei einer Speicherbatterie, wenn man davon absieht, daß die Elektrizität in umgekehrter Weise verwendet wird. Wenn die Impulsdauer lang ist, dann ist ebenso die Dauer der Entladung groß. Die Zeitdauer der Aufladung und Entladung verhalten sich immer proportional zueinander. Technisch gesprochen ist die Exo-Gravitationsrate und die Endo-Gravitationsrate proportional zur Gravitationskapazität.

Wenn man alle Beobachtungen des Elektro-Gravitationspendels zusammenfaßt, dann kommen folgende Charakteristika heraus:

DIE ANGELEGTE SPANNUNG legt nur die Amplitude des Ausschlags fest.

DIE ANSTEHENDE STROMSTÄRKE wird nur zum Ausgleichen von Verlusten benötigt und um die erforderliche Spannung durch Verluste im Nichtleiter sicherzustellen. So erreicht die vollständige Ladung nur 3.7millionstel eines Ampères. Sie hat offensichtlich keine andere Beziehung zu der Bewegung, zumindest wenn man vom heutigen Wissensstand der Physik ausgeht.

DIE MASSE des Nichtleiters ist ein Faktor über den man die in einem Impuls enthaltene vollständige Energiemenge erhält. Bei einer gegebenen Amplitude bedeutet eine Zunahme der Masse gleichzeitig eine Zunahme der in dem System enthaltenen Energie (E=mg).

DIE IMPULSDAUER, die elektrisch erzeugt wird, ist unabhängig von allen zuvor erwähnten Faktoren. Sie wird einzig von externen Gravitationsbedingungen, der Position des Mondes, der Sonne usw. geregelt und repräsentiert die Gesamtenergie oder die Summierung der Energiewerte oder -ebenen, die in diesem Augenblick wirken.

DIE ENERGIEEBENEN DER GRAVITATION sind beobachtbar, wenn sich das Pendel vom maximalen Ausschlag zum Nullpunkt oder der vertikalen Position zurückbewegt. Das Pendel verharrt bei der zurückgehenden Bewegung auf definierten Ebenen oder in definierten Schritten. Die relative Position und der Einfluß dieser Schritte verändert sich fortwährend in jeder Minute des Tages. Ein Schritt oder Energiewert entspricht dem Effekt auf jeden kosmischen Körper, der die elektrisch aufgeladene Masse des Gravitators beeinflußt. Wenn man nur der Reihenfolge der Werte über einen Zeitraum hin nachgeht, dann erhält man eine ziemlich verständliche Aufzeichnung der Wege und der relativen Gravitationseffekte des Mondes, der Sonne usw..

Daraus läßt sich folgern, daß jeder materielle Körper innerhalb seiner Substanz eigene separate und gesonderte Energieebenen besitzt entsprechend den Gravitationseinflüssen eines jeden anderen Körpers. Diese Ebenen werden sogleich nach dem Zusammenbruch des Impulses offenbart, da der Gravitationsgehalt des Körpers langsam freigesetzt wird.

Der Gravitator ist in jeder Realität ein effizienter elektrischer Motor. Entgegen anderen Motorarten enthält er in keiner Weise die elektromagnetischen

Prinzipien, aber anstatt dessen macht er sich das neuere Prinzip der Elektrogravitation zu nutze. Ein einfacher Gravitator hat keine sich bewegenden Teile ist aber offensichtlich aus sich heraus in der Lage sich selbst zu bewegen. Er hat einen sehr hohen Wirkungsgrad, da er keine Gänge, Wellen, Propeller oder Räder zur Erzeugung seiner Antriebsenergie verwendet. Er hat keinen internen mechanischen Widerstand und keine wahrnehmbare Zunahme der Temperatur. Entgegen der öffentlichen Meinung, daß Gravitationsmotoren einen sich im vertikalen Bereich bewegenden Gravitator benötigen, ist herausgefunden worden, daß es genauso in jeder nur denkbaren anderen Richtung funktioniert.

Während der Gravitator gegenwärtig nur ein wissenschaftliches Instrument ist, vielleicht sogar ein astronomisches Instrument, nimmt seine Position als kommerzielles Produkt schnell zu. Multi-Impuls-Gravitatoren mit einem Gewicht von mehreren hundert Tonnen könnten in Zukunft die Kreuzfahrtschiffe der Ozeane antreiben. Kleinere und konzentriertere Einheiten könnten Autos und sogar Flugzeuge antreiben. Vielleicht könnten sogar die phantastischen “space cars” (=Raumautos; Anm d. Übers.) und der versprochene Besuch des Mars eine Folge davon sein. Wer kann das schon sagen?

Ist künstliche Gravitation möglich?

von
Moray B. King

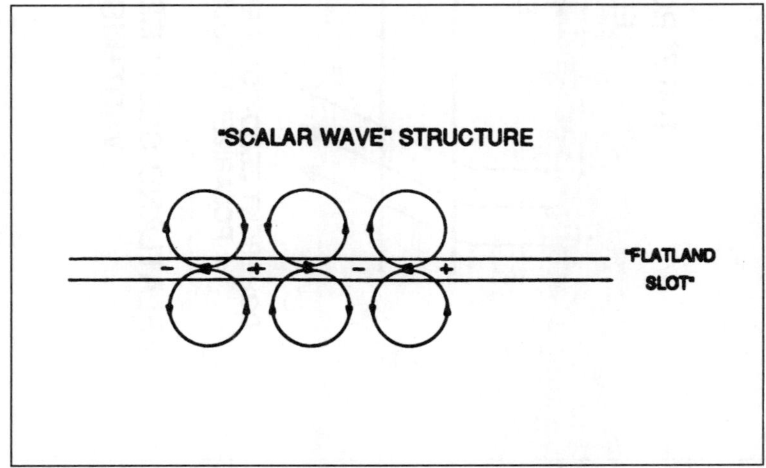

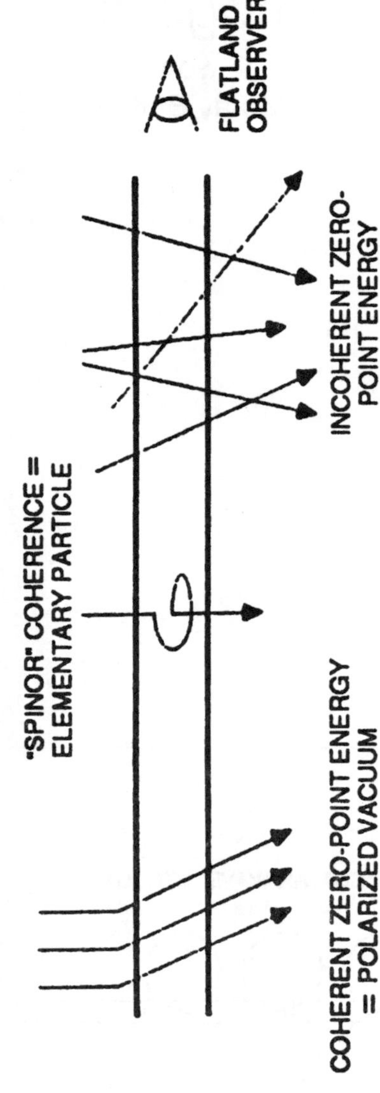
THE ZERO-POINT ENERGY MAY ARISE FROM AN ORTHOGONAL
ELECTRIC FLUX FROM THE FOURTH DIMENSION
"SPINOR" COHERENCE =
ELEMENTARY PARTICLE
FLATLAND
OBSERVER
COHERENT ZERO-POINT ENERGY
= POLARIZED VACUUM
INCOHERENT ZERO-
POINT ENERGY
"FLATLAND SLOT" REPRESENTS THREE-DIMENSIONAL SPACE, SLOT
WIDTH IS RELATED TO PLANCK'S CONSTANT

ONE OBSERVER'S PHOTON (ZPE)
IS ANOTHER'S INCOHERENCE

FLASHBULB IGNITES WHEN THE INERTIAL FRAMES ARE COINCIDENT

BOTH OBSERVERS MEASURE THAT THEY ARE AT THE CENTER OF AN EXPANDING SPHERE OF LIGHT

Moray B. King, B.S. Electrical Enegineering, M.S. Systems Engineering von der Universität von Pennsylvania ist gegenwärtig als Wissenschaftler bei Eyring Research Inc., Provo,Utah angestellt. Dort hat er ein automatisiertes Breitband-Testantennensystem mitentwickelt, mit dem Feldmuster von großen HF-Antennen getestet werden. Der Schwerpunkt bei seiner Forschung unterstützt auch mit der Literatur der Standardphysik die Spekulation, daß ein Nullpunktenergiezusammenhang im Rahmen der technischen Möglichkeiten erreicht werden kann. Um zu experimenteller Forschung anzuregen, hat er während der letzten 14 Jahre zahllose Vorträge zu diesem Thema gehalten.

Abstrakt

Wenn man eine geringe Kohärenz in die Wirkung der Nullpunktenergie einbringt, dann könnte dies die Raum-Zeit krümmen und künstliche Gravitation erzeugen. Der in eine Richtung gehende Stoß, der bei Experimenten von T. Townsend Brown mit angespannten und aufgeladenen Nichtleitern auftrat, könnte der Beweis dafür sein. Ein Plasma-Vortex könnte diesen Effekt für praktische Anwendungen noch verstärken.

Ist künstliche Schwerkraft möglich? Falls dem so wäre, dann wäre dies eine attraktive Antriebsmöglichkeit, da dies eine schnelle Beschleunigung ohne Streß erzeugen würde. Gemäß der grundsätzlichen Relativität krümmt Energie die Raum-Zeit und erzeugt Gravitation. Wenn ausreichend Energie oberhalb von Ihnen konzentriert wird, dann kann dies zur Folge haben, daß Sie nach oben fallen. Das Massenäquivalent der für Levitation benötigten Energie beträgt etwa 1 Megatonne. Wenn wir all diese Energie zur Verfügung stellen müßten, dann wäre künstliche Gravitation jenseits der heute möglichen Technologie.

Die moderne Quantenphysik beinhaltet jedoch eine erstaunliche Auslegung. Es betrifft die Existenz der Nullpunkt-Vakuum-Energie. Leerer Raum ist nicht leer. Er besteht aus schwankender Elektrizität, wobei die Energiedichte 10^{94} Gramm/cm^3 beträgt - ein enormer Wert. Diese Energie kann normalerweise nicht beobachtet werden, da sie sich selbst durch destruktive Interferenz neutralisiert. Wenn jedoch eine Vorrichtung in der Lage wäre, in einer Region des Raumes eine geringe Kohärenz in der Aktivität dieser Energie zu erzeugen, dann könnte damit künstliche Gravitation erzeugt werden.

Die Arbeit von T. Townsend Brown könnte uns einen Anhaltspunkt dafür geben, wie dies durchgeführt werden könnte. Ein ausreichend geladener Kondensator kann eine Vakuum-Polarisation auslösen - eine geringe Kohärenz der Vakuum-Schwankungen. Ebenso das Ionengitter eines sich schnell drehenden Körpers könnte mit der Vakuumenergie interagieren und eine geringe Kohärenz auslösen, welche die Trägheitseigenschaften des Körpers verändern würde. Dies würde geschehen, da die Vakuumenergie selbst die Raum-Zeit krümmt.

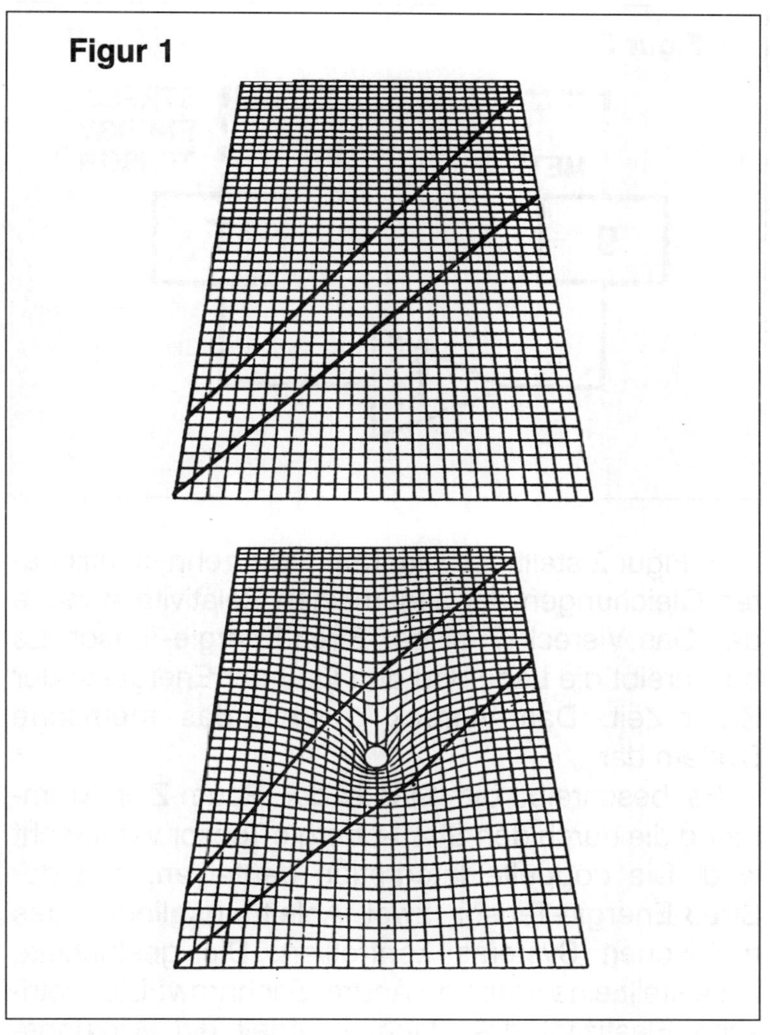

Figur 1 stellt die Krümmung der Raum-Zeit durch eine zweidimensionale Ebene dar, die den dreidimensionalen Raum repräsentiert. Die Linien zeigen, wie sich das Licht durch den Raum bewegt. Ein massiver Körper verzerrt den Raum mit der Folge, daß das Licht in seinem Weg gebeugt wird. Energie verursacht auch eine Raumkrümmung, wie sie die allgemeine Relativitätstheorie von Einstein beschreibt.

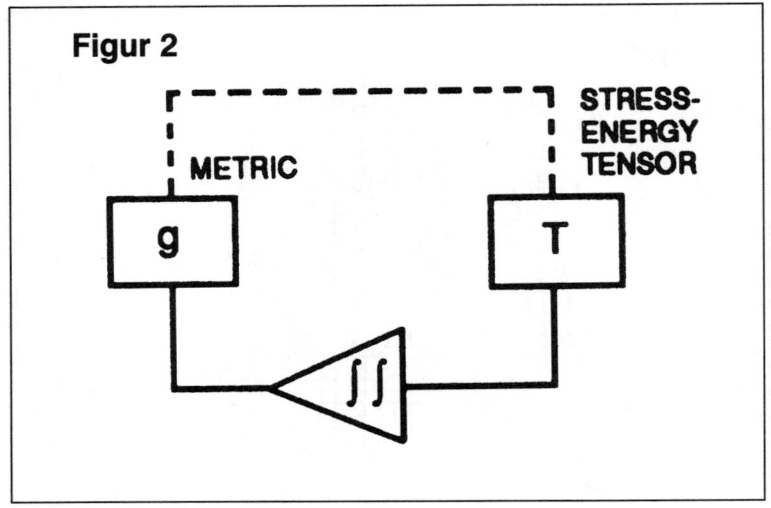

In Figur 2 stellt das Diagramm die zehn nichtlinearen Gleichungen der allgemeinen Relativitätstheorie dar. Das Viereck *T* ist der Streß-Energie-Tensor. Es beschreibt die Lage und den Fluß der Energie in der Raum-Zeit. Das Viereck *g* stellt das metrische System dar.

Es beschreibt die Stärke der Raum-Zeit Krümmung die durch den Streß-Energie-Tensor verursacht wird. Die doppelte Integration deutet an, daß der Streß-Energie-Tensor zwei Ableitungsglieder des metrischen Systems kontrolliert. Die gestrichelte Linie stellt eine Idee von Andrei Sacharow: Die metrische Elastizität des Raumes regelt die Wirkungsweise der Schwankungen des Nullpunktvakuums, eine Energie, die in den Streß-Energie-Tensor eingebracht werden muß. *Dies erzeugt eine Feedback-Schleife auf ein potentiell aktives System.*

Kann dieses System widerhallen? Die Nichtlinearitäten des Systems deuten an, daß dies möglich sein könnte. Um sich das bildlich vorstellen zu können, sollte man sich zwei Boxen mit Energie denken

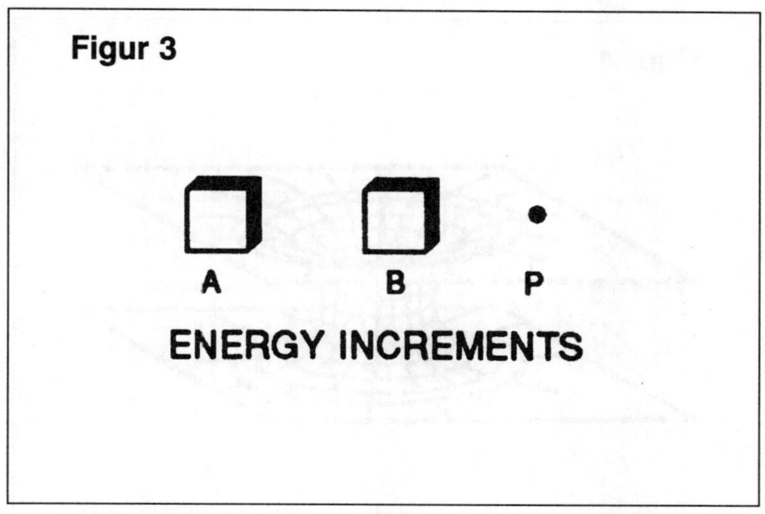

Figur 3

und die Krümmung, die sie an einem Punkt *P* (Figur 3) erzeugen. Wenn wir die Energiebox A bewegen, während wir die Box *B* in ihrer Position belassen, dann verändert sich die Mitwirkung der Box *B* an der Krümmung am Punkt *P*.

Wäre das System linear, dann würde es eine Schichtung geben und B's Mitwirkung am metrischen System wäre unabhängig von der A's. Das System ist jedoch nichtlinear. Wenn sich A in bestimmten Positionen befindet, dann erreicht B's Mitwirkung an der Krümmung einen Maximalwert. Diese Idee kann auch für ein fortwährendes Feld verwendet werden. So wie sich die Feldkontur verändert, so verändert sich auch die Anzahl der Krümmungen aufgrund der gegenseitigen Wechselwirkungen der Feldkomponenten. Ein resonantes Feld ist jene Feldkontur, welche die Krümmung der Raum-Zeit maximiert. Um die Raum-Zeit zu krümmen ist nicht nur der Energieeintrag wichtig, sondern auch wie diese Energie eingesetzt wird. Welcher verbindende Mechanismus erlaubt gegenseitige

Figur 4

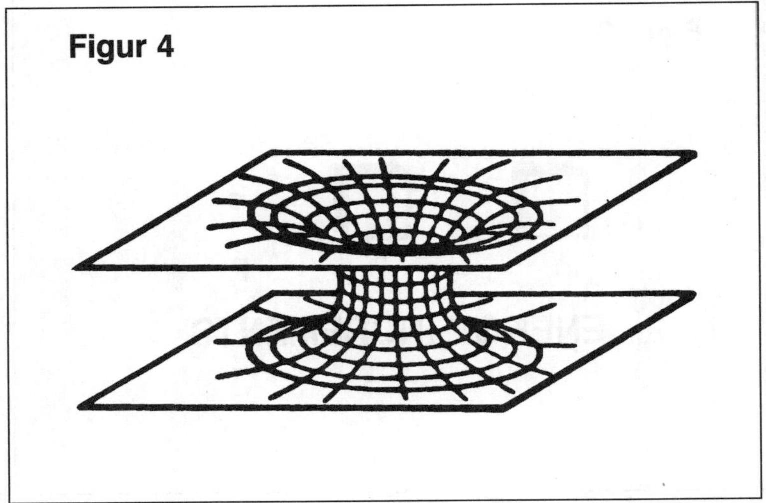

Wechselwirkungen von entfernten Energiezunahmen? Es muß eindeutig das Gefüge des Raumes selbst sein.

Mikroskopisch betrachtet ist der Raum ein turbulentes Energiemeer bestehend aus elektrischem Fluß (Figur 4). Dieser Fluß kommt vom höherdimensionalen Raum durch “winzige weiße Löcher” und verläßt unseren dreidimensionalen Raum wieder durch “winzige schwarze Löcher”. Um sich ein Bild von diesem Konzept machen zu können, muß man sich vorstellen, daß unsere Existenz auf das ebene zweidimensionale Universum beschränkt ist, Flachland. Wir haben kein Bewußtsein für eine dritte Dimension. Wenn durch unseren Bereich eine Energie vertikal durchfließen würde, dann würden wir dies gar nicht wahrnehmen.

Wenn dieser Fluß bei seinem durchfließen des Flachlandes vibriert, dann würde eine seiner Bewegungskomponenten in unserem Bereich existieren. Diese Flußkomponente ist die Schwankung des Nullpunktvakuums. Der Durchmesser dieser “Mini-löcher" ist in bezug zur Planckschen Länge 10^{-33}cm. Durch sie ist die Energiedichte enorm, 1094Gramm/cm^3.

Große Energiedichten verursachen Gravitationskollapse. Die obere Ebene der Figur 4 stellt den dreidimensionalen Raum dar. Die untere Ebene stellt auch den dreidimensionalen Raum dar - vielleicht den gleichen Raum. Bei einer großen Energiedichte wird der Raum zusammengepreßt und wird zu einem *Wurmloch* - ein Begriff, der von John Wheeler ge-prägt wurde. Ein Wurmloch kann den elektrischen Fluß durch höhere Dimensionen kanalisieren. Es kann entfernte Punkte im gleichen dreidimensionalen Raum miteinander verbinden. In Figur 4 stellt die Ebene dreidimensionalen Raum dar, der Durchgang ist das Wurmloch. Wenn ein elektrischer Fluß in diese Öffnung einströmt, dann hat dies ein "winziges weißes Loch" zur Folge. Wenn der Fluß ausströmt, dann ist es ein "winziges schwarzes Loch". "Mini-Löcher" werden im Raum konstant erzeugt und auch wieder aufgelöst und verursachen dadurch wechselnde Wurmloch-Verbindungen. Wheeler nennt diesen daraus folgenden vielfach verbundenen Raum *Superraum.*

Können die Vakuumflüsse in einer Region des Raumes zusammenhängen? Instabile Partikel oder Resonanzen könnten von den temporären örtlichen Zusammenhängen des Vakuumflusses herrühren. Dieses Modell deutet die Existenz eines ganzen Spektrums von sehr kleinen subnuklearen Partikeln an, die bisher von unserer Wissenschaft noch nicht entdeckt worden sind. Die Ladung eines Partikels hängt von einem vorherrschenden Fluß von einem Typ der Mini-Löcher ab.

Die stabilen Partikel könnten ebenso eine zusammenhängende Ausrichtung dieser Löcher sein.

Dieses Modell erzeugt eine interessante Interpretation der Elektronenwolke um den Kern eines Atoms. Das Elektron ist buchstäblich eine Wolke einer negativ beeinflußten Vakuum-Energie, die sich durch eine zusammenhängende Selbstverbindungsfähigkeit über Wurmlöcher selbst erhält. Diese Interpretation könnte Einblick in die Wellen-Partikel-Dualität von Materie geben. Sie illustriert den Zusammenhang des Vakuumflusses in der Quantenwelt.

Kann die Vakuum-Energie über einen großen Bereich der makroskopischen Welt zusammenhängen? Merken Sie sich, daß Levitation nur einen geringen Zusammenhang in einem statistischen Sinne benötigt, da die für die Levitation erforderlichen 10^{12} Gramm so viel geringer als die 10^{94} g/cm^3 sind. Wie können wir eine makroskopische Vakuumpolarisation erreichen? Vielleicht gibt die Arbeit von T. Townsend Brown einen Hinweis.

Grundsätzlich hat Brown entdeckt, daß ein ausreichend geladener Kondensator eine in eine Richtung gehende Entladung zur positiven Platte sehen läßt und einige Arten von Kondensatoren zeigen mehr Entladungen als andere. Eine Art, die sehr gut funktionierte, bestand aus 10.000 Schichten Bleifolie und Isolator. Ein Nichtleiter, der aus einer Mischung von Bleioxid und Harz bestand, funktionierte auch gut. Experimente mit anderen Materialien führten Brown zu der Schlußfolgerung, daß ein massiverer Nichtleiter mit einer größeren Nichtleiterkonstante eine größere Entladung erzeugt.

T. Townsend Brown wurde sich bewußt, daß die Luft um die positive Platte ionisiert werden konnte und das Feld am Rande würde diese Ionen zurück zur negativen Platte hin beschleunigen und hätten zur Konsequenz, daß sich der Kondensator bewegt.

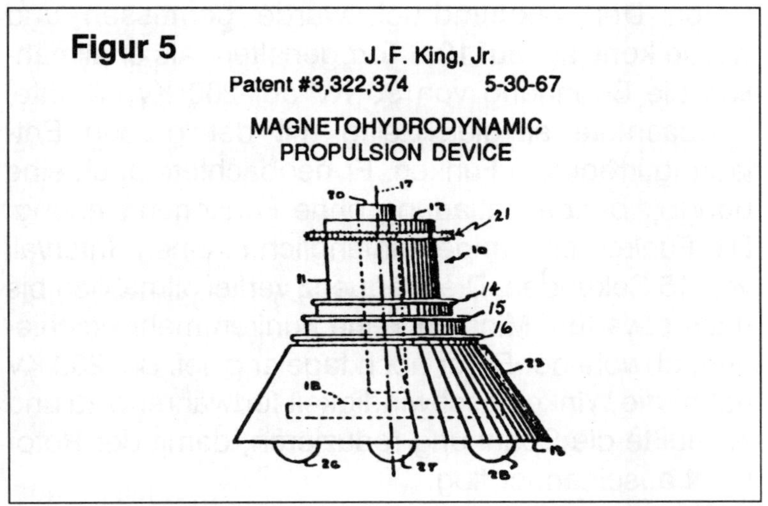

Figur 5

Tatsächlich hat J. Frank King, ein Kollege von Brown, ein Vehikel patentieren lassen, das durch diese Art von Ionen-Antrieb bewegt wird (Figur 5).

Der obere Ring (21) stößt ein Plasma aus und die Ringe (14, 15, 16) erzeugen ein zeitlich synchronisiertes Magnetfeld, um das Plasma abwärts zu beschleunigen. Die Reaktionskraft beschleunigt das Vehikel nach oben.

Um zu demonstrieren, daß diese Kondensatoren mehr als nur einen Ionenantrieb enthalten, tauchte T. Townsend Brown sie in Öl, ein Medium, das sich nicht sofort ionisiert. Er beobachtete, daß die Entladung annähernd die gleiche wie in der Luft war, was andeutet, daß der Ionenantrieb nicht die Hauptkomponente der Entladung war. Brown lud den Öltank auf das gleiche Potential wie die positive Platte, um elektrostatische Anziehung als Ursache für die Entladung auszuschließen.

T. Townsend Brown testete auch Kondensatoren im Vakuum. Er montierte zwei Aluminiumplatten mit Öffnungen als parallele Kondensatoren auf einen

Rotor. Der Vakuumdruck wurde gemessen und wurde konstant auf 10-6 Torr gehalten. Als er allmählich die Spannung von 90 KV auf 200 Kv erhöhte, beobachtete er gleichzeitig mit der großen Entladung irreguläre Funken. Er beobachtete auch eine übrigbleibende Entladung ohne Funkenentstehung. Die Funken entstanden anfänglich in einem Intervall von 15 Sekunden. Die Frequenz verfiel allmählich bis nach etwa fünf Minuten keine Funken mehr erschienen, obwohl der Rotor noch tagelang lief. Bei 200 KV nahm die Winkelgeschwindigkeit fortwährend zu und er mußte die Spannung reduzieren, damit der Rotor nicht auseinander flog.

Der Rotor lief oft tagelang und dies führte T. Townsend Brown einmal zu einer bemerkenswerten Beobachtung. Die Kondensatorentladung veränderte sich im Laufe eines Tages, obwohl die Spannung, die Temperatur und der Druck konstant gehalten und dies sorgfältig gemessen wurde. Während des wochenlangen Betriebs beobachtete er in der Anzahl der Entladungen eine deutliche Wechselbeziehungen zu den Sternen. Dies führte Brown dahin zu glauben, daß die geladenen Kondensatoren wie Katalysatoren sind, die eine Vakuumpolarisation verursachen und in Wechselwirkung mit einigen Strahelnarten stehen, welche die Erde vom Weltraum her treffen. Vielleicht ist die Energie von der Sonne, vielleicht ist sie vom Zentrum unserer Galaxie. Brown arbeitet gegenwärtig am Stanford Research Institute um die Natur und die Quelle dieser Energie zu bestimmen.

Während der frühen 40er Jahre machte T. Townsend Brown eine merkwürdige Entdeckung. Er fand heraus, daß eine Vergrößerung und gleichzeitige Krümmung der positiven Elektrode die Entladung

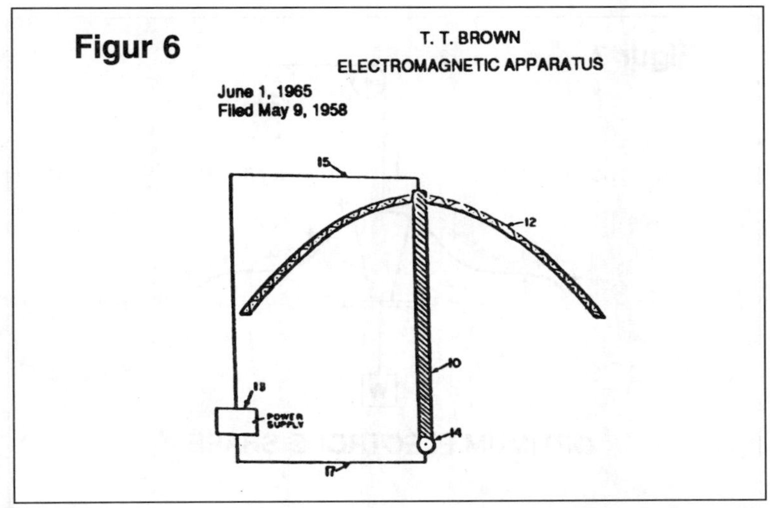

Figur 6

vergrößerte und später patentierte er dieses Konzept (Figur 6).

In dem Patent ist die große positive Elektrode mit (12) gekennzeichnet, die negative Elektrode mit (14) und der sie verbindende nichtleitende Stab mit (10). Während dem 2. Weltkrieg entdeckte Brown die optimale Kontur der Elektrode.

Er beschrieb sie als triarkuat - was soviel wie “drei Arkaden” bedeuten soll. Er benutzte ein System von Gewichten und Rollen, um die Stoßentladung zu messen (Figur 7). Wenn sie geladen ist, dann erscheint eine helle und farbige Korona auf der Oberfläche des triakuaten Aluminiumbaldachins.

Die Faktoren, welche die Stoßentladungen im Kondensator von T. Townsend Brown’s Experimenten vergrößerten sind:

1. Vergrößern der Plattengröße
2. Reduzierung des Abstandes zwischen den Platten
3. Erhöhung der dielektrischen Permitivität
4. Erhöhung der Spannung

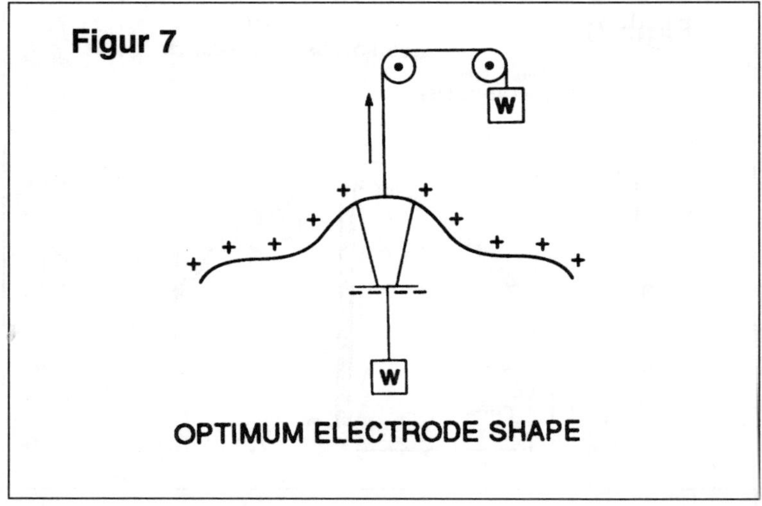

Figur 7

OPTIMUM ELECTRODE SHAPE

5. Vergrößerung der Masse des Dielektrikums
6. Formen der positiven Platte

Die ersten drei Faktoren erhöhen die elektrische Kapazität der Apparatur. Die Stoßentladung war über den Testbereich von 50 - 300 KV annähernd linear. Brown hat das Gefühl, daß es der Punkt 5 ist, der die Entladung des Kondensators mit der Gravitation verbindet. Punkt 6 muß erkärt werden.

Jede Hypothese, welche die Entladung erklärt, muß folgende Schlüsselbeobachtungen mit einschließen:

1. Eine große Entladung war mit einem Funken verbunden. Eine nachfolgende Entladung geschah ohne Funkenentstehung. (Im Vakuum, 1956, Spaltkondensatoren).
2. Eine Gleichstromspannung (150KV) löste eine Entladung aus, wenn sie anfangs angelegt wurde. Die Entladung würde innerhalb von 60 Sekunden aufhören. Es waren zwei Minuten bei Null Volt Spannung erforderlich, bevor die Entladung erneut erzeugt werden konnte. (In Öl, 1928, das

Dielektrikum aus Bleioxid und Wachs).
3. Die Stoßentladungen veränderten sich im Laufe eines Tages. (In Vakuum und Öl).

Punkt 1 erfordert eine Identifizierung der Quelle des Vakuumfunkens. Könnte er Luftmolekülen zugeschrieben werden, die in der positiven Platte eingeschlossen waren oder Elektronen, die von der negativen Platte ausgestoßen wurden oder vielleicht beiden?

Der zweite Punkt war nur in Brown's frühen Kondensatoren aus Bleioxid und Wachs beobachtet worden. Es bietet eine Verbindung zur optimalsten Anwendungsspannung für Kondensatoren. Das Dielektrikum sollte soweit bis an die Schwelle des Zusammenbruchs polarisiert werden, daß Unruhen einen schlagartigen Zusammenbruch auslösen können. Wenn die angelegte Spannung zu hoch ist und das Dielektrikum leitet, dann wird es keine Entladung geben. Die Entladung ist mit den Veränderungen des Zustandes der Polarisation bis zum Zusammenbruch verbunden. Wenn die angelegte Spannung in der Weise eingestellt ist, daß sich dieser Änderungszustand immer wiederholt, dann kommt es zu einer maximalen Anzahl von Entladungen.

Punkt 3 ist eine Überraschung und benötigt eine Erklärung.

Unten werden einige möglichen Hypothesen zur Erklärung der gemachten Beobachtungen aufgelistet:

1. Das umgebende Medium ist ionisiert und durch das Feld beschleunigt. (Ionenantrieb).
2. Ein schlagartiger Zusammenbruch durch das Dielektrikum ist verbunden mit:
   a. Plasmaformation im Dielektrikum.

b. Einer abrupten Veränderung der Polarisation.
c. Einer abrupten Veränderung in der dielektrischen Permitivität. Eine schnell modulierte dielektrische Permitivität könnte als Transducer zwischen Elektromagnetismus und jedem der folgenden Punkte wirken:
   1. Nullpunkt-Vakuumenergie.
   2. Hochfrequente Gravitationsstrahlung.
   3. Hochfrequente Permitivitätswellen.
   4. Höherdimensionale Komponenten des Elektromagnetismus.
   5. Neutrinofluß.
   6. Ätherfluß.

3. Ein resonantes Feld wurde erzeugt. Die positive Elektrode ist so geformt, daß die gegenseitigen Wechselwirkungen des Feldes mit dem metrischen System maximiert werden. Dies könnte in einer räumlich ausgedehnten Kohärenz des Flußes der Vakuumenergie resultieren und würde eine makroskopische metrische Schwankung zur Folge haben.

Ionenausstoß ist eine Komponente der Entladung, sie kann aber nicht alle Verhaltensweisen erklären. Man muß sich zwei gleich große Kondensatoren vorstellen, der erste mit einer kleinen dielektrischen Konstante und der zweite aus einem massiven Material, das eine große dielektrische Konstante hat. Man legt an beiden die gleiche Spannung an. Brown beobachtete, daß der Kondensator mit der größeren dielektrischen Konstante die größere Entladung erzeugt. Dies ist genau das Gegenteil von dem, was man von dem Ionenausstoß erwarten würde, da das Grenzfeld des ersten Kondensators größer ist. In dem Vakuum-Rotor-Experiment wurden nur zurückgebliebene Luftionen in dem Grenzfeld beschleunigt und können somit einen Ionenantrieb bewirken. Die Luftionen in dem Hauptfeld werden in die negative Platte einschlagen und die Entladung erschweren. Die Luftionen in dem Hauptfeld zwischen den Platten können einen Zusammenbruch auslösen - sie verursachen den Ausstoß einer Elektronenwolke von der negativen Platte.

Der Schlüssel zu künstlicher Gravitation könnte eine schnell beschleunigte und dicht geladene Plasmawolke sein. Sie könnte die Vakuumschwankungen über eine makroskopische Region des Raumes verbinden, wenn eine gegenseitige Ankopplung und Verbindung der Partikel in der Wolke existiert. Wheeler's Superraum zeigt wie nichtlokale Verbindungen zustande kommen können.

Ein simultaner schlagartiger Zusammenbruch über das ganze Dielektrikum könnte makroskopisch die Vakuumschwankungen in der ganzen Region verbinden. Sollte dies in einer perfekten kristallinen Substanz geschehen, dann könnte der Zusammenhang signifikant größer sein bezüglich des regulären Ionen-Gitterwerkes, das mit der Vakuumenergie gekoppelt ist. Ein außerhalb stattfindender Energiefluß könnte den simultanen Zusammenbruch auslösen, indem er die partizipierenden Partikel miteinander koppelt.

Welche mögliche Energiequelle könnte mit dem polarisierten Feld interagieren, wenn man die Sternkorrelationen mit einbezieht? Könnten es hochfrequente Gravitationswellen sein? Oder könnte es so etwas wie Permitivitätswellen sein, vielleicht von Plasma erzeugt, das die Dielektrikumskonstante eines Mediums moduliert? Brown schloß kürzlich bei abgeschirmten Experimenten den Standard-

Elektromagnetismus aus. Könnte aber nicht eine höherdimensionale Form des Elektromagnetismus existieren, der die Abschirmung durchdringen könnte? Könnten Neutrinos interagieren? Könnte ein Ätherfluß existieren, den Michelson und Morley nicht festgestellt haben, da er senkrecht zu der Ebene ihres Interferometers verlief? (Siehe Referenzpunkte 5, 16 und 17). Diese Ideen sind offensichtlich spekulativ - nur zukünftige Experimente können Anhaltspunkte geben, um eine konkretere Formulierung entwickeln zu können.

Experimente von Bruce de Palma, N. A. Kozyrev und W. J. Hooper könnten einen Hinweis geben, wie der Effekt vergrößert werden könnte. *Spin ist der Schlüssel.* Schneller Spin einer Plasmawolke oder eines Plasmatoroiden könnte zu einer dynamisch kreisförmigen Vakuumpolarisation führen. In einem longitudinalen Magnetfeld wird ein Plasma natürlich die Form einer Spirale annehmen - eine makroskopische Helikonwolke. Die optimale Elektrodenstruktur kann die Kontur eines Helikonplasmas in ein Vortex verändern, während sie es ins Grenzfeld führt. Ein Plasmavortex könnte ein makroskopisches Resonanzfeld erzeugen, das leicht mit den Nullpunkt-Vakuumschwankungen verbunden ist und dadurch künstliche Gravitation erzeugt. (Figur 8) Ebenso könnte ein innerer, solider Zustand des Helikonplasmas durch ein Dielektrikum oder Halbleiter eine starke Vakuumenergiekohärenz erzeugen.

Die zwei Plasmaspiralen könnten eine toroide Vakuumpolarisation erzeugen, was die Trägheit von neutralen Körpern innerhalb dieser Region beeinflussen könnte. Ein gepulster Ionenvortex könnte künst-

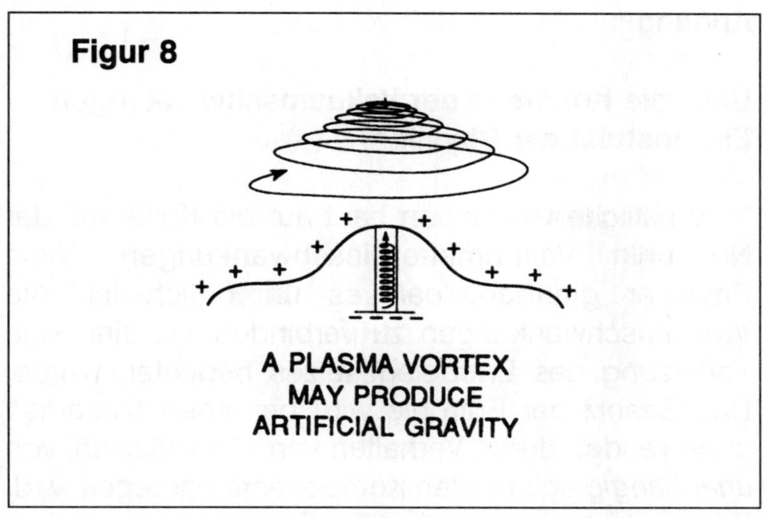

liche Schwerkraft erzeugen, die für eine praktische Anwendungen ausreichend wäre.

Es ist meine Hoffnung, daß diese Diskussion andere motiviert die experimentellen Untersuchungen fortzuführen, die von T. Townsend Brown begonnen wurden, da eine neue Antriebstechnologie auf unsere Entdeckung wartet.

Anhang

Über die Kohärenz der Vakuumschwankungen Ein Postulat der Physik

Künstliche Gravitation baut auf die Kohärenz der Nullpunkt Vakuumenergieschwankungen. Viele Physiker glauben, daß es unmöglich ist, die Vakuumschwankungen zu verbinden, da dies eine Verletzung des Entropiegesetzes bedeuten würde. Das Gesetz der Entropie wird bei jenen Systemen angewendet, deren Verhalten von einer Vielzahl von *unabhängig* agierenden Komponenten geregelt wird. Entropie ist ein statistisches Gesetz, das aussagt, daß die Chance gering ist, auf zufällig unabhängig agierende Elemente zu stoßen. Die Wahrscheinlichkeit geht gegen null, wenn die Anzahl der unabhängigen Elemente zunimmt.

Was ist die wahre Natur der Vakuumschwankungen? Sind sie unabhängige "Blinker" oder könnte eine zugrunde liegende Verknüpfung vorkommen, wie sie in Wheeler's Superraum beschrieben wird? Die Antwort auf diese Frage ist entscheidend, damit das Entropiegesetz richtig angewandt werden kann. Im Fall von zufälligen unabhängigen "Blinkern" kann das Gesetz angewandt werden. Das Entropiegesetz könnte größtenteils auf Wheeler's Beschreibung des Superraums angewandt werden, so lange die Verknüpfung zufällig und nicht örtlich ist. Wenn jedoch eine Vorrichtung die Verknüpfung in einer Region des Raumes beeinflußt, dann würde die zugrunde liegende Vorraussetzung der *Unabhängigkeit* nicht mehr gelten und es wäre untauglich hier das Entropiegesetz anzuwenden. Es gibt keinen Beweis in der Physik, der belegt, daß eine solche

Verknüpfung unmöglich ist. Im Gegenteil, es wurden Experimente durchgeführt, die andeuten, daß eine Kohärenz der Vakuumenergie vorkommt. (Siehe Referenzpunkte 7, 8, 9, 10 und 15)

Was ist die wahre Natur der Vakuumschwankungen? Ein Postulat - daß Vakuumschwankungen zufällig und unabhängig sind - hat die moderne Physik in zwei Lager gespalten. Die meisten Physiker glauben an dieses Postulat und daß es nicht passend wäre, den zugrunde liegenden ursächlichen Zusammenhang in Frage zu stellen. Auf der anderen Seite postulieren David Bohm, Jack Sarfatti und Fred Wolf die Existenz einer möglichen zugrunde liegenden Verknüpfung (wie es z. B. bei Wheeler's Geometrodynamics dargestellt wird). Diese Idee wurde während der letzten zwanzig Jahre entwickelt und sie ist mit ihren selbstverständlichen Folgerungen vielen Physikern unbekannt. Die Konzepte sind für die klassische Physik etwas fremd und schwierig zu verstehen, da sie die Existenz eines physikalisch realen höherdimensionalen Raumes zugrunde legen. Aus diesem Grunde ist dieses Postulat gegenwärtig nicht sehr bekannt.

Aber es stellt sich die Frage, was regiert die Physik - Popularität oder Experimente? Es existieren eine Anzahl von experimentellen Anomalien (siehe Referenzpunkte 7 - 10, 15), die eklärt werden können, wenn man das letztgenannte Postulat anwendet, auf andere Weise lassen sie sich nicht erklären. Die meisten Physiker haben diese Experimente ignoriert, dies sollte aber fähige Individuen nicht daran hindern, sie zu wiederholen und damit diese Arbeit zu bestätigen.

Es ist meine Hoffnung, daß die Wissenschaftler ihre Gedankenwelt für diese Untersuchungen offen halten, da kürzliche theoretische Entwicklungen in der Physik die Möglichkeit für einen experimentellen Erfolg eröffnen, der eine unglaubliche technische Weiterentwicklung für die Menschheit einbringen könnte.

Quellenverzeichnis

1. Misner, Thorne und Wheeler, *Gravitation,* W. H. Freeman, NY, USA, 1970. Eine exzellente Beschreibung der Schwankungen der Nullpunkt Vakuumenergie wird in den Kapiteln 43 und 44 gegeben.

2. J.A.Wheeler, *Geometrodynamics,* Academic Press, Inc., 1962. Geonen und Vakuumschwankungen werden beschrieben.

3. Toben, Sarfatti und Wolf, *Space-Time and Beyond,* E. P. Dutton and Co., 1975.
Die Vorstellungen von Laien über vielfach verknüpfte Raum-Zeit und Vakuumenergie, die mit zahllosen Zeichnungen illustriert sind.

4. R. Wald, "Gravitational Spin Interaction", *Physical Review* D, Vol. 6, No. 2, July 1972, Seite 406.
Die Wechselwirkung des Körperspin's mit der Gravitation wird analysiert.

5. H. C. Dudley, "Is There an Ether?", Industrial Research, November 15, 1974; ebenso in *Science Digest,* May 15,1975, Seite 57. Ein Fließmodell der Neutrino's für den Äther wird vorgestellt.
Siehe auch *Il Nuovo Cimento,* Vol. 4B, No. 1, 68, 1971.

6. P. Bandyopadhyay und P. R. Chauduri, *Nuovo Cimento,* 38, 1912 (1965); 66A, 238 (1969).
Die schwache Ankopplung von Neutrinos und den Photonen wird diskutiert.

7. C. F. Brush, *Am. Phil Soc.* V. 67, 105, (1928).
Dieses Papier beschreibt ein Experiment, bei dem Aluminiumsilikat langsamer als andere Materialien fällt.

8. W. J. Hooper, *New Horizons in Electric, Magnetic and Gravitational Field Theory.* Elektrodynamic Gravity, Inc., 543 Broad Boulevard, Cuyahoga Falls, OH 44221, USA.
Der Autor verbindet das bewegte elektrische Feld mit der Gravitation.

9. N. A. Kozyrev, "Possibility of Experimental Study of the Properties of Time," Sept. 1967, *JPRS* 45238, U.S. Department of Commerce, National Technical Information Service, Springfield, Virginia 222151, USA.
Es wird ein Experiment besprochen, bei dem der Spin der Masse mit dem Zeitablauf verbunden wird.

10. B. E. DePalma, "A Simple Experimental Test for the Inertial Field of a Rotating Mechanical Object," *Journal of the British-American Scientific Research Association*, Vol. VI, No. II, Juni 1976.
Die Experimente werden auch im Anhang des Buches *Is God Supernatural?* von R. L. Dione beschrieben, Bantam, NY, USA, 1976.

11. C. C. Chiang, "On a Possible Repulsive Interaction in Universal Gravitation." *The Astrophysical Journal,* 1985, 87 (1973).
12. H. Bondi, "Negative Mass in General Relativity," *Rev. Mod. Phys*. 29, No. 3, 423, (1957).

13. J. A. Wheeler, "On the Nature of Quantum Geometrodynamics," *Ann. Phys.* 2, 604, (1957).

14. E. Streewitz, *Phy. Rev.* D 11, No. 12, 3378, (1975).
Die Analyse des Autors schließt Vakuumschwankungen im Streß-Energie Tensor mit ein.

15. S. L. Adler, "Some Simple Vacuum Polarization Phenomenology..." *Phy. Rev.* D 10, No. 11, 3714, (1974).

16. J. Schwinger, "On Gauge Invariance and Vacuum Polarization," *Physical Review* 82, No. 5, 664, (1951).

17. Brill und Wheeler, "Interaction of Neutrinos in Gravitational Fields," *Rev. Mod. Phy.* 29, 465, (1957).
Dieses Papier beschreibt die Interaktionen von Neutrinos und Gravitonen.

18. P. A. Dirac, *Roy. Soc. Proc.* 126, 360 (1930).
Dieses Papier stellte als erstes die Vakuumenergie als ein Elektronenmeer vor.

19. Gamow, *Thirty Years that Shook Physics,* Doubleday, NY, USA, 1966.
Dieser Text enthält die Beschreibung von Dirac's Theorie durch einen Laien.

20. M. F. Hoyaux, *Solid State Plasmas,* (1970).
Diese Monographie ist eine kurze Vorstellung der Festkörperphysik und der Plasmaphysik.

21. D. Bohm, "A Suggested Interpretation of the Quantum Theory in Terms of Hidden Variables," *Phys. Rev*. 85, 166, 180 (1952).

22. L. deBroglie, "The Reinterpretation of Wave Mechanics," *Foundation of Physics* 1, 1-5, (1070).

23. L. Motz, "Cosmology and the Structure of Elementary Partikels," *Advances in the Astronautical Sciences,* V8, (1962).

24. H. Stapp, "S-Matrix Interpretation of Quantumtheory," *Phys. Rev.* D3, 1303, (1971).
Das S-Matrix "web" beschreibt Verknüpfungen.

25. Hawkins and Ellis, *The Large Scale Structure of Space-Time,* Cambridge University Press, 1973.
Es wird die Grundstruktur der Physik für schwarze Löcher diskutiert.

26. D. Scamia, "Gravitational Waves and Mach's Principle," Nachdruck IC/73/94 von dem *International Center for Theoretical Physics,* Trieste, Italy, 1974.

27. "Physics Made Simple," *Science News,* 106, 20 (Juli 1974).
Dieser Artikel erwähnt experimentelle Beweise, die zeigen, daß elementare Partikel winzige schwarze Löcher sind.

Fliegende Untertassen: Supraleitende Plasmawirbel

von
Hans Lauritzen

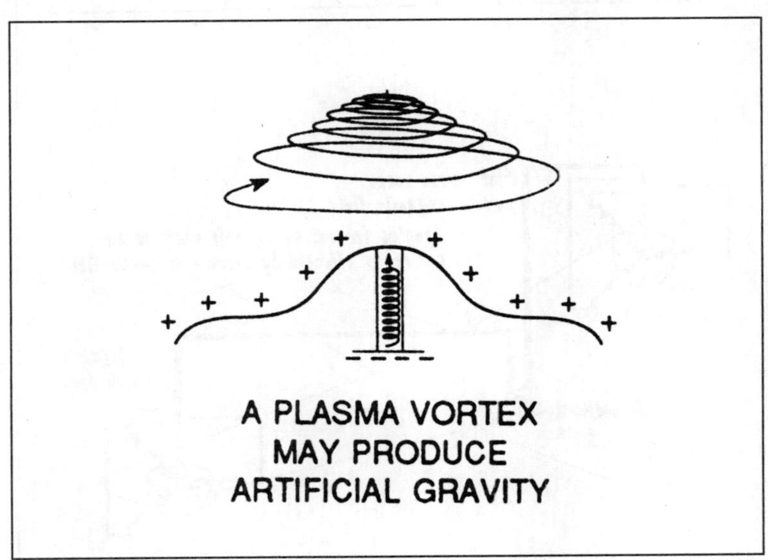

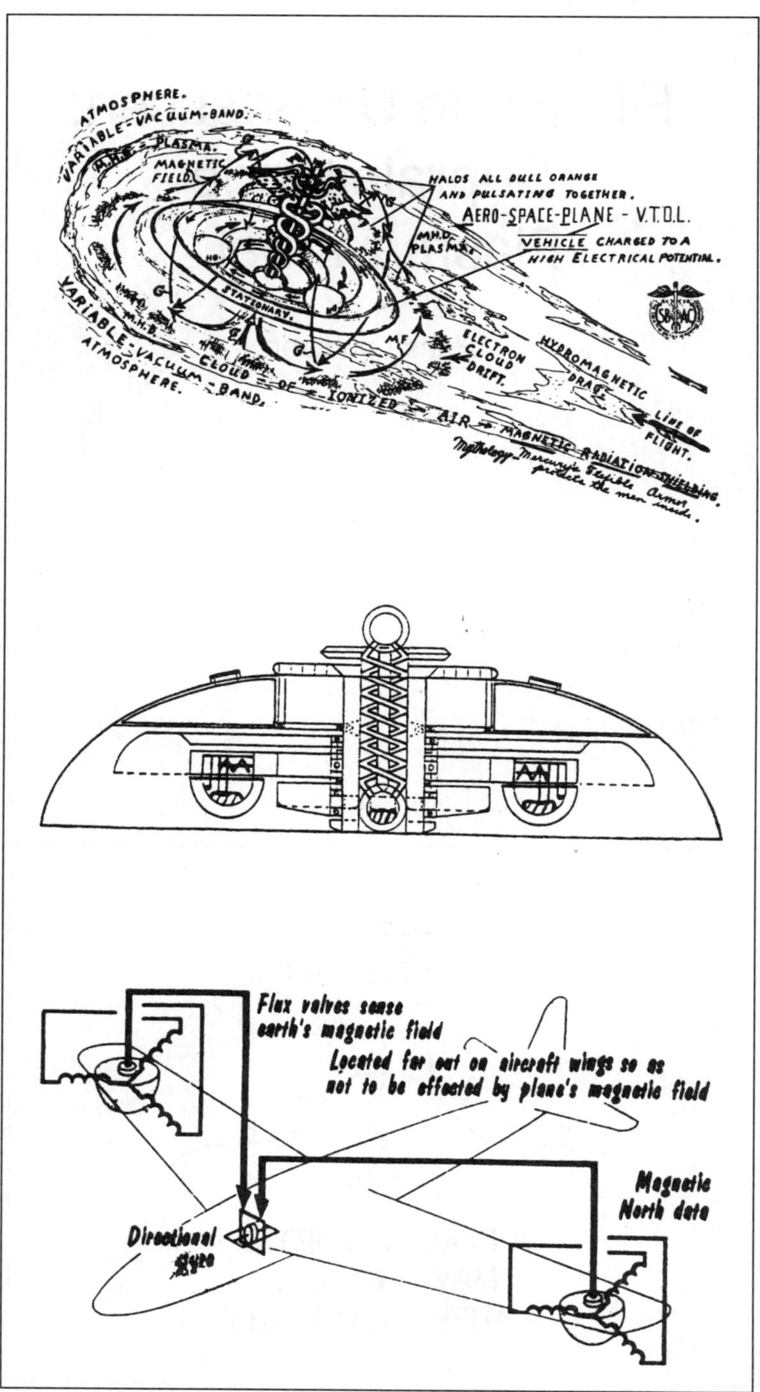
ATMOSPHERE.
VARIABLE-VACUUM-BAND.
M.H.D.-PLASMA.
MAGNETIC FIELD.
HALOS ALL DULL ORANGE AND PULSATING TOGETHER.
AERO-SPACE-PLANE - V.T.O.L.
M.H.D. PLASMA.
VEHICLE CHARGED TO A HIGH ELECTRICAL POTENTIAL.
STATIONARY.
ELECTRON CLOUD DRIFT.
HYDROMAGNETIC DRAG.
LINE OF FLIGHT.
VARIABLE-M.H.D. CLOUD OF IONIZED AIR - MAGNETIC RADIATION SHIELDING.
VARIABLE-VACUUM-BAND.
ATMOSPHERE.
Mythology - Mercury's Flexible Armor protects the men inside.
Flux valves sense earth's magnetic field
Located far out on aircraft wings so as not to be effected by plane's magnetic field
Magnetic North data
Directional gyro

Die drei Diagramme sind entnommen von W. D. Clendon's Buch von 1990 ***Mercury, UFO Messenger of the Gods*** (=Quecksilber, UFO-Bote von den Göttern; Anm. d. Übers.). Sie erklären seinen *Mercury Proton Gyroscope* Motor, von dem er glaubt, daß er dem altertümlichen Cadeuseus-Symbol ähnelt. Die unterste Skizze zeigt, wie der elektrisch geladene Quecksilberkreisel in ähnlicher Weise wie die Flußventile eines Richtungskreisels wirkt. Die Flußventile werden dazu benutzt, daß der Richtungskreisel immer auf die wirkliche Nordrichtung ausgerichtet ist. Sie erfüllen diese Aufgabe, indem sie synchron laufen und bestimmte Spannungen verwenden, die in drei Statorwindungen entstehen, die das Magnetfeld der Erde wahrnehmen. Merkwürdigerweise sehen sie wie Halbkugeln an den Unterseiten der Tragflächen von Flugzeugen aus, die den Halbkugeln an der Unterseite vieler scheibenförmiger UFO's ähneln.

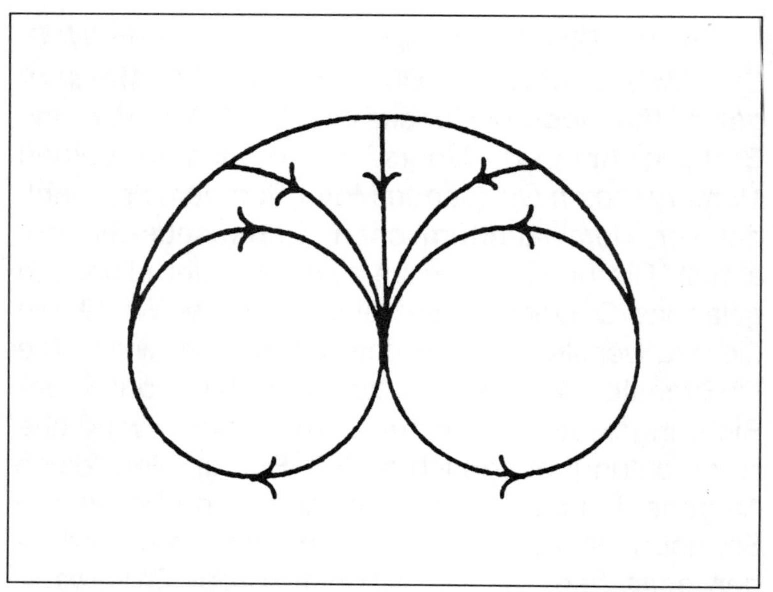

Fließrichtung der Plasmaströmung

Nachdruck aus dem Flying Saucers magazine No. 51, März 1967

In dem folgenden Artikel werden Sie eines der bestgehütetsten Geheimnisse der modernen Zeit finden - und durch seine Veröffentlichung ist es kein Geheimnis mehr. Dieses Geheimnis ist die Antwort auf die an den Herausgeber von FLYING SAUCERS am meisten gestellte Frage: "Was sind die fliegenden Untertassen?" Hier ist nun die Antwort, aber nur zum Teil. Der Leser muß gewarnt werden, daß der nachfolgende Text eine technische Sprache verwendet, aber die Herausgeber glauben, daß es einfach genug beschrieben wurde, daß es für die Leser von FLYING SAUCERS verständlich sein müßte. Für Physiker (die auf die Bibliographie hingewiesen werden) werden die in dem Artikel enthaltenen Fakten deutlich und unanfechtbar sein. In zukünftigen Ausgaben wird FLYING SAUCERS mit der "Definition" der fliegenden Untertassen fortfahren und beweisen, daß die Herausgeber richtig lagen, wenn sie darauf beharrten, daß die UFO's von dieser Erde stammen und nicht aus dem Weltall. Die Herausgeber laden die Wissenschaftler der Welt dazu ein, die hier präsentierten Fakten zu untersuchen, sich in zukünftige Forschungen einzubringen und uns zu unterstützen, das UFO-Rätsel dorthin zu bringen, wo es hingehört - in das Gebiet der wissenschaftlichen Realität, belegt durch wissenschaftliche Methoden. Die Herausgeber von FLYING SAUCERS glauben, daß sie mit diesem Artikel Geschichte schreiben und mit der zukünftigen Erweiterung der vorführbaren Fakten und der aufgestellten Theorien dies weiterführen. Nach neunzehn Jahren Mysterium ist der Durchbruch gelungen!

Während der letzten Jahre der Forschung im Bereich der Magnethydrodynamik wurden für die Menschheit eine große Anzahl von Entdeckungen neuer physikalischer Phänomene gemacht. Es war nicht möglich diese Phänomene vorauszusagen. Wir befinden uns am Anfang einer spannenden Entwicklung, deren Konsequenzen von immenser Bedeutung für die Zukunft der Menschheit auf dem Planeten Erde sind.

Wenn ein Plasma von sehr starken Magnetfeldern zusammengepreßt wird, dann hat es die Tendenz spezielle Formen anzunehmen (Plasmoiden). Die Formen, die von den Plasmoiden angenommen werden sind unerwartet vielfältig und haben bemerkenswerte Informationen für die Entwicklung von Theorien geliefert. Eine allgemein beobachtete

Eigenschaft des Plasmas ist die Tendenz kleine Fetzen oder Fasern auszubilden. Diese Fasern bilden oft Spiralen in den Behältern oder den magnetischen Flaschen, in denen das Plasma beschleunigt wird.

Wenn ein Plasma mit hohem elektrischen Potential von einem starken Magnetfeld zusammengepreßt wird und wenn gleichzeitig ein sehr starkes Magnetfeld innerhalb und entlang der Magnetfeldlinien erzeugt wird, dann werden sich die Partikel des Plasmas spiralförmig entlang der Magnetfeldlinien bewegen. Mit diesen Korkenzieherbewegungen sind zwei wichtige Eigenschaften verbunden: Die Anzahl der Umdrehungen ist durch die Plasmadichte so hoch, daß die Anzahl der Kollisionen pro Sekunde die Kreiselfrequenz übersteigt, der Korkschnitt erscheint, um es mal so auszudrücken, und transformiert die extrem engen Spiralen in eine große Zahl von ringförmigen Plasmawirbeln. Diese ringförmigen Plasmawirbel sind supraleitend. Da das elektrische Potential in ihnen enorm ist und nun keinen Widerstand mehr erfährt, werden sehr starke hydromagnetische Schockwellen abgegeben.

Für viele Jahre waren Supraleiter einfach als Substanzen betrachtet worden, deren elektrischer Widerstand unterhalb von bestimmten Temperaturgrenzen verschwindet. Dieses Konzept hatte einige geringfügige aber signifikante Schwierigkeiten, welche letztendlich zu der Schlußfolgerung führten, daß Supraleitung einen Zustand der Materie repräsentiert, in dem eine große Anzahl von Elektronen in einem zusammenhängenden Bewegungszustand sind. Ein solcher Zustand kann unbegrenzt bestehen, trotz der offensichtlichen Verletzung des klassi-

schen Gesetzes, das ein sich kreisförmig bewegendes Elektron Energie durch Strahlung verlieren muß.

Eine typische Eigenschaft von Supraleitern besteht darin, daß Magnetismus nicht in sie eindringen kann. Da die ringförmigen Plasmawirbel Supraleiter sind, können Magnetfelder nicht in sie eindringen und sie sind tatsächlich in ihren eigenen magnetischen Feldern gefangen (und jenen von benachbarten Wirbeln). Aus diesem Grund kann eine ringförmige Strömung endlos stabil bleiben und gleichzeitig mächtige hydrodynamische Schockwellen abgeben, ohne daß Energie zugeführt werden muß. Diese ringförmigen Strömungen aus supraleitendem Plasma haben gewisse Ähnlichkeiten mit den Ringströmungen, die in superflüssigem Helium (unter 2.2 Grad Kelvin) erzeugt werden, wenn sie mit Alphapartikeln bombardiert werden und mit Rauchringen.

Aufgrund dieser dramatischer makroskopischer Quanteneffekte, die von den supraleitenden Ringströmungen gezeigt werden, können sie unter bestimmten Bedingungen ihren Weg aus den Containern heraus bahnen und die Laboratorien verlassen, ohne daß sie ihren zusammenhängenden Bewegungszustand unterbrechen zu müssen. Sie werden dann den Magnetfeldlinien folgen.

In einem separaten Papier habe ich erwähnt, daß solche Ringströmungen auch in der Magnetosphäre aufgrund von ionisierten Partikelwellen der Sonne und dem geomagnetischen Feld erzeugt werden. Die Magnetfeldlinien der Erde fangen die Wellen von geladenen Partikeln ein und bringt sie dazu sich spiralförmig zu bewegen. Unter bestimmten Bedingungen werden die Spiralbahnen so eng, daß große und stabile supraleitende Ringströme erzeugt werden.

Wenn die supraleitenden Ringströme aus eingefangenen Niedrigenergie-Protonen bestehen, dann verursachen sie elektromagnetische Strahlung mit Frequenzen mit etwa einer Schwingung pro Sekunde. Und Ringströme von eingefangenen Elektronen erzeugen Frequenzen im hörbaren Bereich , der von 20 bis 15.000 Schwingungen pro Sekunde reicht. Das leuchtende Phänomen wird auch "HASER" genannt und ist ein Akronym, das für Hydromagnetic Amplification by Stimulated Emission of Radiation steht. Man muß sich daran erinnern, daß die Partikel in einem zusammenhängenden Bewegungszustand in den Ringströmen sind.

Eine große Anzahl von Ringströmungen werden oft zu riesigen, leuchtenden und zigarrenförmigen Feldern vereinigt, sie können sich aber auch trennen und mit kleinerer ovaler Kontur erscheinen oder auch als kleine leuchtende Kugeln. Aufgrund der Unruhe der Magnetfeldlinien können sie sich näher an der Oberfläche der Erde bewegen. Solche unbekannte helle Lichter (unidentifizierte Flugobjekte) wurden von Millionen von Menschen gesehen. Die beschriebenen Konturen passen sehr gut zu den Konturen der supraleitenden Ringströmungen. Da sie sehr empfindlich auf Magnetfeldlinien reagieren, wurde sehr oft berichtet, daß sie über oder entlang von Hochspannungsleitungen schweben. Wenn man den Magnetfeldlinien der Erde folgt, dann wird der Pfad wie eine Zickzacklinie aussehen. Sie werden ebenso die Tendenz haben sich entlang bestimmter geographischer Linien zu bewegen, aufgrund von Abweichungen im geomagnetischen Feld, da sich magnetisches Material unter der Oberfläche befindet (Orthothenie). UFO's verändern oft ihre Farbe, wenn sie ihre Geschwindigkeit verändern. Der starke

Hydromagnetismus erzeugt magnetooptische Reflektionen und Absorptionen, so daß die Ringströmungen fest und metallisch aussehen können. Ebenso sind magneto-akustische Effekte üblich. In den supraleitenden Ringströmungen sind die Elektronen in einem zusammenhängenden Bewegungszustand und erzeugen somit zusammenhängende elektromagnetische Wellen ebenso wie hydrodynamische Schockwellen, die in der Lage sind die Kompression zu erhöhen und die Partikel zu verdünnen. Die freien Elektronen in einer Strömung werden so ihre Dichte verändern. Das Verhalten der Elektronen in einem Metall folgt den Regeln der Fermistatistik, nach der die Energie von Elektronen immer von ihrer Dichte abhängig ist. Wenn nun die Dichte der Elektronen in einem Metall gestört ist, dann ist die Verteilung ihrer Energien ebenso gestört. Elektrische Ströme werden gestoppt und führen zu einem Ausfall von elektrisch angetriebenen Maschinen und Instrumenten. Damit das Gleichgewicht der Verteilung wieder hergestellt werden kann, ist eine bestimmte spannungslose Zeit erforderlich. Dann werden die elektrisch betriebenen Vorrichtungen ihren Betrieb wieder aufnehmen, als ob nichts gewesen wäre. Über solche Totalausfälle wird meistens dann berichtet, wenn es zu Annäherungen an UFO's gekommen ist. Zwei Theorien wurden entwickelt, um die enormen Energiemengen zu erklären, die von dem hydrodynamischen Plasma freigesetzt werden. Die erste sagt aus, daß es versteckte oder ungezählte zusätzliche positiven und negativen Ladungen und versteckte oder ungezählte magnetische Bewegungen im Plasma gibt. Die zweite Theorie besagt, daß die Energie dann freigesetzt wird, wenn hydromagneti-

sche Plasmawirbel die gleiche geometrische Dimension annehmen wie elektrohydromagnetischen Fäden, die für ein Elementarpartikel angemessen sind. Wenn man das Mach-Prinzip in Betracht zieht, dann muß die Eigenenergie eines jeden Elementarpartikels innerhalb des Rahmens des gesamten Universums beschrieben werden. Das Universum wird als ein Übergangszustand betrachtet, in dem ein vorübergehendes latentes universelles Potential in quantisierte aktive lokale Energien durch einen Prozeß innerhalb der Elementarpartikel transformiert wird. Da wir nun wissen, daß die Energie während des supraleitenden Zustandes des Plasmas freigesetzt wird, können wir die erste Theorie definitiv ausschließen. Die zweite Theorie ist immer noch gültig. Der supraleitende Zustand der elektrohydromagnetischen Fäden in Partikeln und von zusammenhängenden Wirbeln aus Elementarpartikeln zeigen uns nur wie unendliche Mengen von Energie freigesetzt werden können, es gibt uns aber keine Informationen warum dies geschieht und woher diese Energien kommen. Jede Hypothese, die aussagt, daß die Supraleitung selbst unbegrenzte eigene Energie besitzt, muß als irrelevant betrachtet werden. Die Theorie eines vorübergehenden latenten universellen Potentials hat einen bemerkenswerten konzeptionellen Vorzug, da sie auch mit kosmologischen Konzepten und universellen Konstanten zusammenpaßt.

Die nachfolgende Literatur wird empfohlen:

1) Malcolm McChesney: "Shock Waves and High Temperatures", Scientific American, Februar 1963, (415 Madison Avenue, New York, N. Y. 10017, USA).

2) Henry H. Kolm und Arthus J. Freeman: "Intense Magnetic Fields", Scientific American, April 1965.

3) "Outer Atmosphere Emits Laser-Like Light", Science News, 17. September 1966, (Scientific Service, Inc., 1719 N St., N. W. Washington, D. C. 20036, USA).

4) Harold W. Lewis: " Ball-Lightning", Scientific American, März 1963.

5) Richard D. Mattuck: "Supraledning", Ingenioren-Forskning, 15. August 1966, Teknisk Forlag A/S, (Skelbaekgade 4, Copenhagen V, Dänemark).

6) Frederick H. Mueller: "Magnetohydrodynamics", Selektive Bibliographie bestehend aus 124 Berichten aus dem Zeitraum von 1950 bis September 1960, U. S. Department of Commerce, (National Bureau of Standards, Institute for Applied Technology, Clearinghouse for Federal Scientific and Technical Information, Springfield, Virginia, 22151, USA).

7) Luther H. Hodges: "Magnetohydrodynamics", Selektive Bibliographie bestehend aus 185 Berichten aus dem Zeitraum von August 1960 bis Januar 1962, U. S. Department of Commerce.

8) "Plasma Study of Lockheed Aircraftcorporation",

Science Newsletter, 6. November 1965, (Science Service, Inc.).

9) Klaus Dransfeld: "Kilomegacycle Ultrasonics", Scientific American, Juni 1963.

10) Pietro Banna: "Il Principio di Scambio (Banna) e i Suci Rapporti con la Relativita Finale di Fantappie-Arcidiacono", Centre Européen pour les Recherches sur la Gravitation, (Via Borghesano Lucches 24, Roma, Italien), Supplement au Cahier "G" n. 15, 1965.

11) Winston H. Bostick: "The Gravitationally-Stabilized Hydromagnetic Model of the Elementary Particle", Gravity Research Foundation, (New Boston, N. H., 03070, USA).

Anti-Masse-Generatoren für UFO-Antriebe

von
Kenneth W. Behrendt

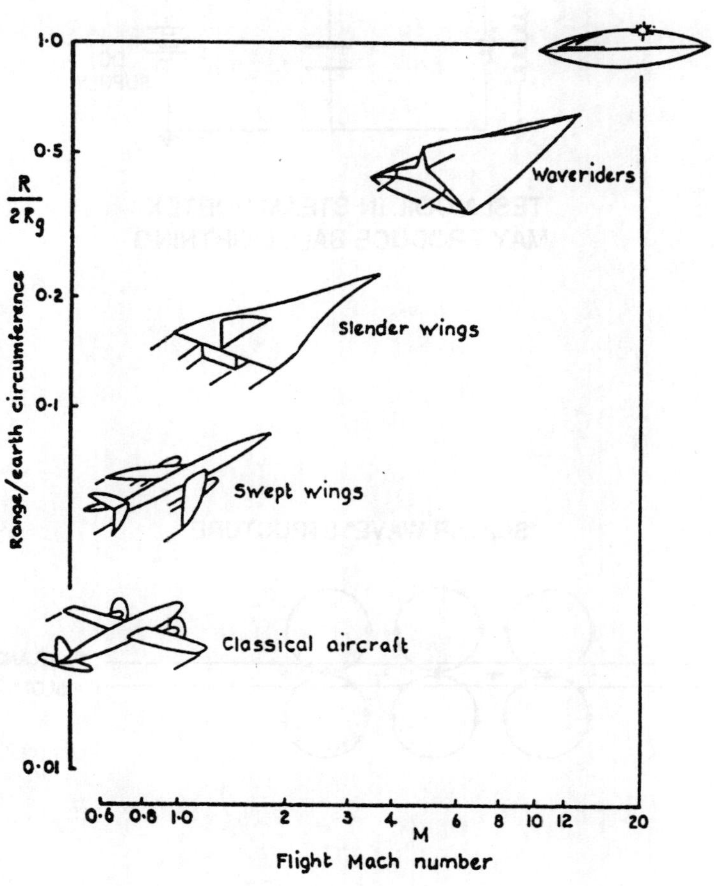

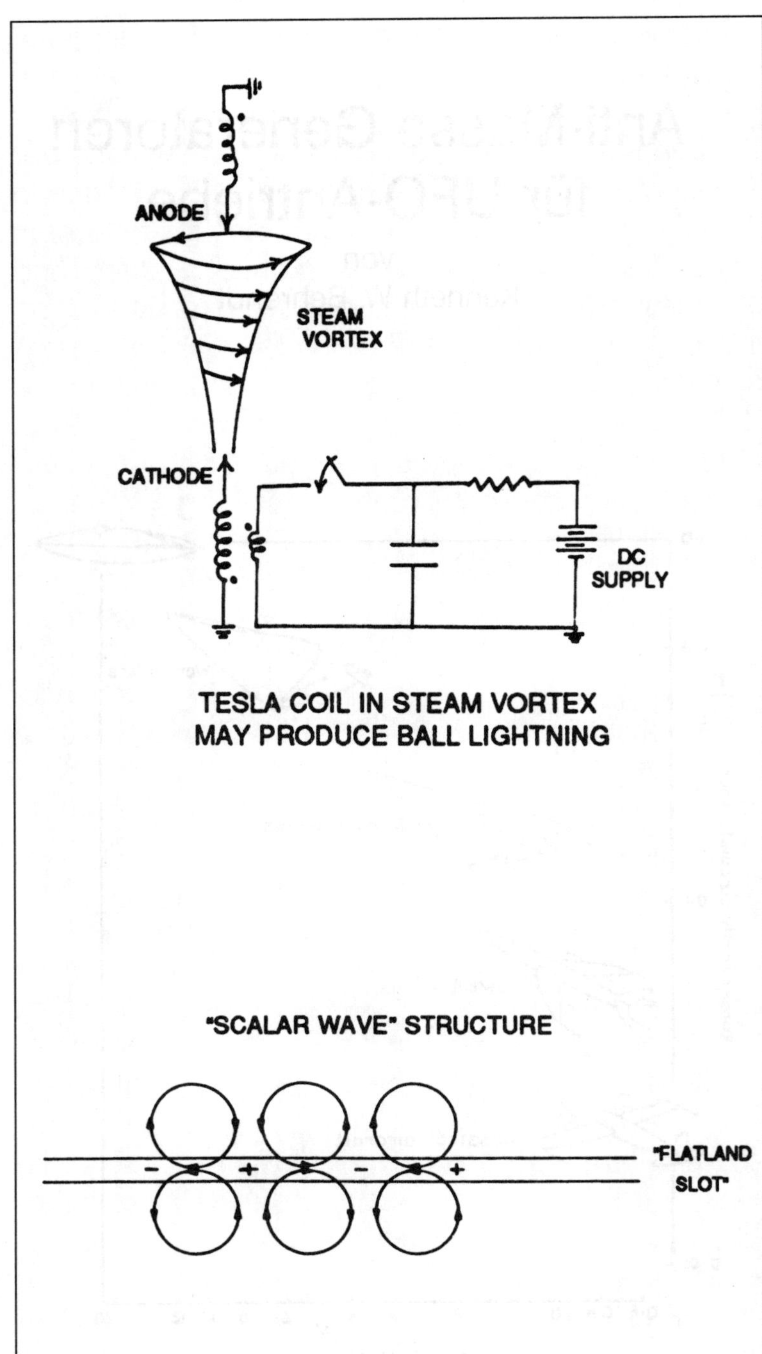
ANODE
STEAM
VORTEX
CATHODE
DC
SUPPLY
TESLA COIL IN STEAM VORTEX
MAY PRODUCE BALL LIGHTNING
"SCALAR WAVE" STRUCTURE
–
+
–
+
"FLATLAND
SLOT"

Alle materialistischen Ufologen hoffen auf eine erfreuliche Lösung des sogenannten UFO-Mysteriums, welche die Herkunft dieser Flugobjekte erkären sollte, ebenso den Zweck des Besuchs der Crews, die die Erde besuchen und der technischen Mittel, die erforderlich waren, um dies zu erreichen. Unglücklicherweise werden wir ohne direkten und zuverlässigen Kontakt mit den extraterrestrischen Wesen *niemals* erfahren von welchem Sternensystem unsere Besucher kommen oder warum sie sich in der Atmosphäre und den Ozeanen der Erde aufhalten. Trotzdem können wir auch ohne direkten Kontakt die technologischen Mittel erkennen, die für die Funktionen ihrer Flugobjekte erforderlich sind. Wenn man sorgfältig korrekte und detailierte Daten sammelt, dann sortiert und die darin enthaltenen allgemeinen Verhaltensmuster herausfiltert, so sollte es uns die wissenschaftliche Methode ermöglichen in angemessener Zeit das in den UFO's verwendete Antriebssystem zu bestimmen und herauszufinden, wie *alle* Sekundäreffekte erzeugt werden.

Die abschließende Hypothese für diese Teillösung muß vier Kriterien erfüllen. Erstens muß sie adäquat auf alle gegenwärtig verfügbaren Daten über die Struktur der UFO's und ihrer Erscheinungsformen passen; zweitens sollte sie in sich selbst schlüßig sein, was einfach bedeutet, daß ein Teil der Hypothese nicht einem anderen Teil der gleichen Hypothese widersprechen darf; drittens muß diese abschließende Hypothese voraussagend sein, so daß sie UFO-bezogene Phänomene, die ursprünglich nicht für die Formulierung der Hypothese verwendet wurden, erklären kann; und viertens muß die Hypothese detailiert genug sein, so daß sie experimentell überprüft oder widerlegt werden kann.

Unglücklicherweise konzentrierte man sich während der letzten vierzig Jahre in der Ufologie auf die Erfassung von Daten über UFO's und nur ein geringer Prozentsatz der glaubwürdigen Literatur befaßt sich mit dem Versuch, die UFO-Fähigkeiten und die durch ihre Gegenwart entstehenden sekundären Effekte zu vernunftsgemäß zu erklären.

Praktisch haben es alle Hypothesen nicht geschafft eine verwert- und überprüfbare Lösung des Mysteriums zu liefern. Meistens paßten sie nicht auf alle verfügbaren Daten und wurden in sich widersprüchlich, wenn man versuchte sie zu erweitern. Wenn die Theoretiker in der zeitgenössischen Physik nicht genug ausgebildet sind, dann bleiben ihre Hypothesen vage oder qualitativ, so daß sie nicht für Voraussagen über das noch nicht präzise bekannte UFO-Phänomen, wie zum Beispiel die Struktur und der Aufbau des internen Antriebssystems verwendet werden können. In fast jedem Fall fehlten den Hypothesen die mathematische Korrektheit, die erforderlich ist, damit sie experimentell überprüft werden können.

Wie gesehen werden kann ist es sehr wünschenswert, daß eine abschließende Hypothese erreicht wird, da sie es uns erlauben sollte, sofort dies zu duplizieren, was uns so oft von unseren extraterrestrischen Besuchern vorgeführt worden ist. Wenn wir das UFO-Phänomen duplizieren können, dann können wir einen sofortigen und tiefgreifenden Wandel unserer Lebensweise auf der Erde erwarten. Der Transport wird revolutioniert werden, da wir unsere eigenen UFO-ähnlichen Fahrzeuge herstellen können, die uns problemlos innerhalb von Minuten von einer Seite des Planeten auf die andere Seite bringen können. Wir können schließlich die Erforschung des

Sonnensystems abschließen, können Kolonien auf einigen der anderen Planeten oder Monde unseres Systems aufbauen und können anfangen, die erste interstellare Reise unserer Rasse zu planen. Es würden ebenso ungeheuere Fortschritte in die Bereiche der Energieerzeugung, Medizin, Metallurgie, Physik etc. gebracht.

Mit dem oben genannten im Hinterkopf, lassen Sie uns nun einige der Versuche der Ufologen untersuchen, die während der letzten vierzig Jahre versucht haben, etwas Licht in diesen allerwichtigsten Aspekt zu bringen. Obwohl die Literatur zu der Thematik der Antriebe und der Sekundäreffekte dünn ist, ist es immer noch nicht möglich, im Rahmen eines einzigen Kapitels alle Bereiche voll und detailliert abzudecken. Trotzdem wird ein Versuch unternommen einige der Hauptthemen aufzugreifen, um unsere Konzepte über UFO-Antriebe und verwandte Gebiete weiterzuentwickeln.

Frühe Ufologen waren sofort beeindruckt von der Fähigkeit zu schweben, rapide zu beschleunigen und von der Vorführung unglaublicher akrobatischer Flugmanöver, ohne daß irgend ein Antrieb sichtbar war. Sie stellten auch fest, daß diejenigen, deren Abdrücke von Landefüßen ein Gewicht von mehreren zehn Tonnen andeuteten auch sekundäre Effekte haben, die Magnetismus mit einschlossen und es erschien ihnen logisch genug, daß mächtige Magnetfelder die Quelle des UFO-Antriebs waren. Am 24. Juni 1947 nahm zum Beispiel ein Camper in den Cascade Mountains in Oregon,USA, wahr, daß die Nadel seines Kompasses wie wild anfing zu drehen, als ein UFO ihn überflog. Diese Art von Fällen, verbunden mit denen, wo die Armbanduhren der Zeugen stehenblieben, da sie einem kräftigen

Magnetfeld ausgesetzt worden waren, scheinen anzudeuten, das magnetische Kräfte benutzt werden, um UFO's zu bewegen.

Die frühen UFO-Kontaktler wurden alle aufgefordert ihre Forderungen nach persönlichen Begegnungen mit Außerirdischen zu verstärken, indem sie die Antriebsmethoden beschrieben, die in deren Flugkörpern verwendet wurden. Der amerikanische Kontaktler George Adamski (1891 - 1965) präsentierte die Idee, daß eine fliegende Untertasse oder ein "Erkundungsschiff" sehr schnell innerhalb der irdischen Atmosphäre manövrieren kann, indem es ein kreisförmiges Magnetfeld um das Schiff aufbaut, welches dann das Schiff bewegte, indem es gegen das schwache Magnetfeld der Erde drückte (mit einer Intensität von nur etwa 3/4 Gauss in mittleren nördlichen und südlichen Breiten). Für Reisen zwischen den Planeten in unserem Sonnensystem würde ein Mutterschiff die gleichen Prinzipien anwenden, ausgenommen, daß es die Magnetffelder unserer Sonne und der anderen Planeten verwenden würde.[1]

Adamski's Einstellung wurde erklärt und es ist offensichtlich, daß er sich vorstellen konnte, daß die Magnetfelder der UFO's mit externen natürlichen Magnetfeldern interagieren und dies in einer ähnlichen Weise in Bewegung umsetzen wie dies bei einem Elektromotor geschieht.

Das Problem mit dieser Einstellung liegt darin, daß es unmöglich ist das notwendige Magnetfeld für das UFO zu erzeugen, welcher Aufbau auch immer verwendet wird, in dem elektrischer Strom in einen vollständigen Stromkreis innerhalb des Flugkörpers fließt. Selbst wenn ein Magnetfeld in einer angemessenen Konfiguration erzeugt werden könnte, dann müßte es eine enorme Stärke haben, damit es die beobachteten Beschleunigungswerte der UFO's erreichen würde, wenn davon ausgegangen wird, daß es seine volle angenommene Masse hat. Solch intensive Magnetfelder würden nicht nur Autos zum Stillstand bringen, sondern schließlich deren Stahlkörper und das Fahrgestell verformen und verdrehen, wenn das Magnetfeld in diese Strukturen induziert wird und sie dadurch zwingt sich nach dem Magnetfeld des UFO's auszurichten. Wenn zwei UFO's diese Antriebsform verwenden würden, dann würden sie gewaltsam zusammenstoßen, falls sie versuchen würden Seite an Seite in Formation zu fliegen. Ebenso würde ein solches Antriebssystem die Bewegungsfreiheit des UFO's so einschränken, daß es nur unter einem rechten Winkel zu den externen Magnetfeldlinien fliegen könnte.

Solch ein Antriebssystem sagt nichts über die eingesetzten Mittel zur Erzeugung des kraftvollen Magnetfeldes des Flugkörpers aus, ebenso nichts über die Energiequelle, die das Magnetfeld des Flugkörpers erzeugt und auch nichts, wie der Flugkörper und die Besatzung von den tödlich wirkenden inneren Kräften bei den extremen Flugmanövern geschützt wird. Es ist zum Beispiel bekannt, daß eine rechtwenklige Wende des UFO's, daß mit einer Geschwindigkeit von 160 Stundenkilometern fliegt, die meisten menschlichen Piloten umbringen würde. Die Zusammensetzung des Magnetantriebssystems sagt nichts darüber aus, wie die Besatzung davor geschützt werden könnte, daß sie bei einem rechtwinkligen Manöver bei mehreren tausend Stundenkilometern nicht pulverisiert würden. Einige der frühen UFO-Kontaktler versuchten diese Einwendungen zu umgehen, indem sie annahmen, daß alle UFO's automatisiert wären oder von

Roboterbesatzungen geflogen würden. Ein Autor namens Gerald Heard schlug eine einzigartige Lösung des Problemes vor, bei dem die inneren Kräfte auf die Körper der Ufonauten bei schlagartiger Beschleunigung des UFO's wirkten.[2] Er konzentrierte sich einfach auf die Sichtungen der kleineren UFO's (manchmal auch als "Sonden" bezeichnet) und nahm an, daß sie intelligente Bienen vom Mars mit harten Kristall-ähnlichen Körpern mit sich trugen, die bei scharfen Wendemanövern nicht pulverisiert würden. Vielleicht dachte er, daß die Summtöne, die mit vielen UFO's verbunden werden, von den winzigen Insektenbesatzungen erzeugt würden!

Wenn davon ausgegangen wird, daß UFO's während ihres normalen Fluges die volle Masse haben, dann würden einfache Berechnungen aufzeigen, daß sie unglaublich starke Antriebsaggregate haben, damit sie die beobachteten Manöver durchführen können. Wenn man das Beispiel nimmt, daß ein Zeuge eine über dem Boden schwebende Untertasse mit einem Durchmesser von 10 Metern beobachtet hat und darüber berichtet, wie sie plötzlich nach oben in einen wolkenlosen Himmel schoß - und dies in nur zehn Sekunden.

Berechnungen zeigen, daß das UFO in zehn Sekunden auf eine Höhe von etwa 35 km gehen müßte, damit es zu einem so kleinen Punkt zusammenschrumpfen würde, daß es das menschliche Auge nicht mehr erfassen könnte. Wenn die Beschleunigung des Flugkörpers konstant wäre, dann hätte seine Crew die von der Beschleunigung erzeugte zermalmende Kraft von 68.38 g's gefühlt und am Ende ihres zehn Sekunden Aufstiegs hätten sie eine Geschwindigkeit von über 24.000 kmh erreicht. Wenn das UFO ein Eigengewicht von zehn

Tonnen gehabt hätte, dann hätten seine Treibwerke einen Schub von etwa 620.000 kg erzeugen müssen. Seine Triebwerke hätten eine Leistung von 27.36 Millionen PS oder 20.000 Megawatt Leistung abgeben müssen. Diese Leistung wäre äquivalent zu 2.500 Jet-Triebwerken von Pratt & Whitney mit je 11.000 PS, die für den Antrieb des B-52-Langstreckenbombers der USA verwendet werden oder etwa zwanzig 1.000 Megawatt-Kernkraftwerken die mit Maximalleistung arbeiten!

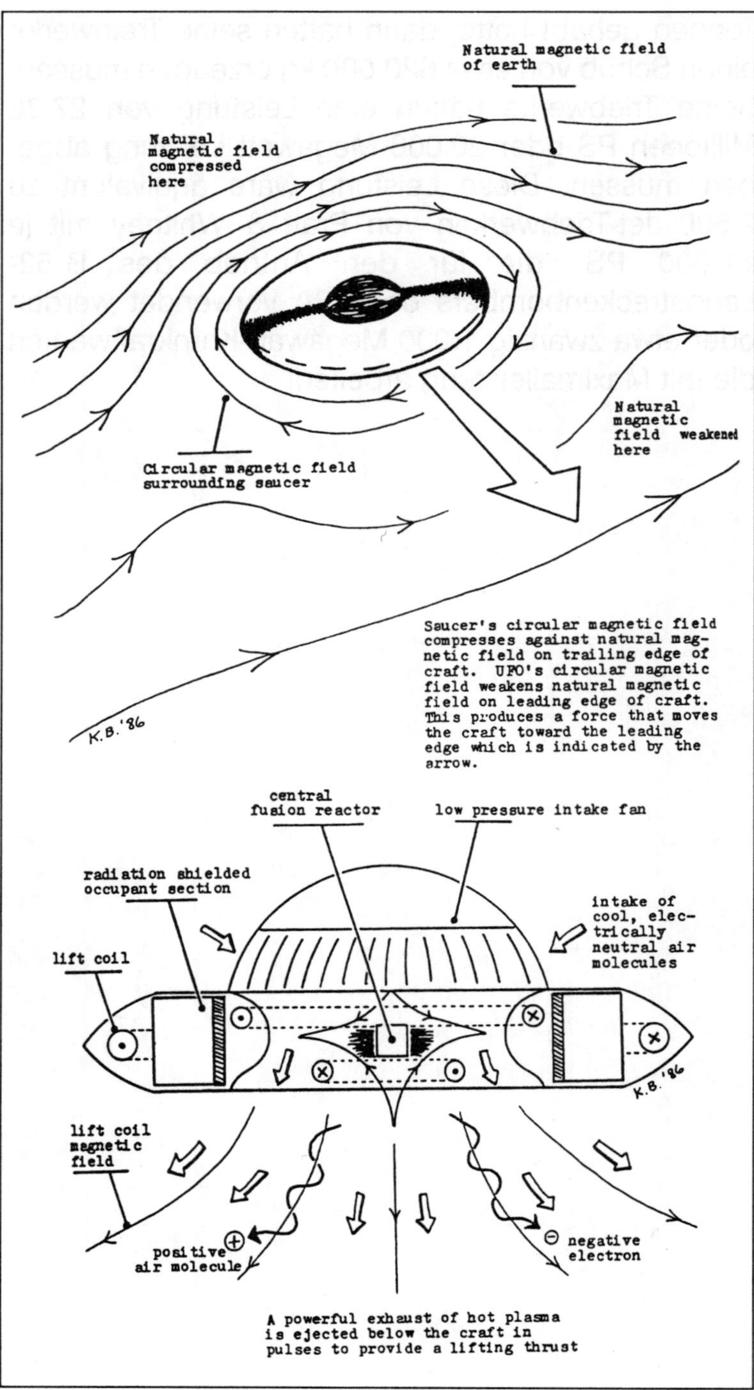
Natural magnetic field of earth
Natural magnetic field compressed here
Natural magnetic field weakened here
Circular magnetic field surrounding saucer
K.B.'86
Saucer's circular magnetic field compresses against natural magnetic field on trailing edge of craft. UFO's circular magnetic field weakens natural magnetic field on leading edge of craft. This produces a force that moves the craft toward the leading edge which is indicated by the arrow.
central fusion reactor
low pressure intake fan
radiation shielded occupant section
intake of cool, electrically neutral air molecules
lift coil
K.B.'86
lift coil magnetic field
positive air molecule
negative electron
A powerful exhaust of hot plasma is ejected below the craft in pulses to provide a lifting thrust

Wenn wir uns bewußt werden, daß eine solche Kraft innerhalb des begrenzten Raumes eines kleinen Vehikels sicher erzeugt werden müßte und dies ohne irgendwelche sichtbaren Hilfsmittel, so daß die Hülle des UFO's eine einzige geschlossene Metallhülle sein könnte, dann können wir erkennen, was für eine gewaltige Herausforderung ein funktionierender UFO-Antrieb für die Theoretiker darstellt, *wenn UFO's während des Fluges als massiver Körper angesehen werden.* Die meisten orthodoxen Wissenschaftler, die diese Berechnungen durchgesehen haben und davon ausgegangen sind, daß die UFO's während des Fluges noch ihre volle, normale Masse haben, haben dazu tendiert grundsätzlich gegenüber der Existenz eines auch nur einzigen extraterrestrischen UFO's skeptisch zu werden.

Es wurden schon sehr früh Versuche von dem kanadischen Ingenieur Wilbert B. Smith (er starb 1962) unternommen, um die Hypothese des Magnetantriebs zu retten und die enormen Energiemengen zur Verfügung zu stellen, die erforderlich sind, um einen massiven Flugkörper zu bewegen. Er war Direktor des kanadischen Projektes Magnet im Jahre 1949, welches eine der wenigen offenen Bemühungen der Regierung war, um die UFO's ernsthaft zu untersuchen. Er konzentrierte sich auf die wenigen UFO's, die eine rotierende Oberflächenhülle aufzeigten, und schlug vor, daß ihre Bewegung die Feldlinien des irdischen geomagnetischen Feldes schnitt, damit sie große Mengen an elektrischer Energie erzeugen können. Aus diesem Grund verband er rotierende UFO's mit gigantischen elektrischen Generatoren, deren Energieausstoß dann dafür benützt würde die Luft zu erhitzen und auszustoßen oder eine andere ausstoßbare mittransportierte Masse für einen Rückstoßantrieb zu verwenden. Er konnte es nicht erklären, wie ein sich schnell bewegendes UFO sich selbst davor schützen könnte, durch die Luftreibung bis zur Weißglut aufgeheizt zu werden und nahm deshalb an, daß die Rotationsbewegung des Flugkörpers ihn davor schützte. Um das Problem der gewaltigen, intern für die Piloten auftauchenden Kräfte zu überwinden, nahm Smith an, daß alle UFO's automatisiert waren. Es wurden Berechnungen darüber angestellt, wie schnell sich die Hülle des Flugkörpers drehen müßte, damit die Energiemengen zur Beschleunigung eines massiven UFO's erzeugt werden könnten, und dies deutete an, daß ein UFO, das ein Antriebssystem nach Smith's Hypothese verwenden würde, aufgrund der Zentrifugalkräfte sich selbst in Einzelteile auflösen würde.

Ende der 50er und Anfang der 60er Jahre begannen die Personen, die sich mit UFO-Antrieben befaßten, nach anderen als den konventionellen Erklärungsmöglichkeiten für die von UFO's zur Schau gestellten Flugmanöver zu suchen und ebenso wie sie die großen Energiemengen erzeugen konnten, welche die *offensichtlich* massiven UFO's benötigten, um ihre außergewöhnlichen Flugbewegungen ausführen zu können. Sie wandten ihre Aufmerksamkeit der Verwendung von so exotischen Energiequellen wie der kosmischen Energie und der nuklearen Energie aus Fusionsprozessen zu.

Wie in einem Buch von Aime Michel[3] erklärt wird, hat ein Ingenieur der französischen Luftwaffe, Leutnant Jules Plantier, an einer ungewohnten Hypothese für UFO-Antriebe schon 1953 gearbeitet. Plantier näherte sich der Thematik mit der Annahme, daß der gesamte Raum von einer mächtigen Energie durchdrungen ist, welche die Quelle der kosmischen Strahlung war. Die Ufonauten hatten einfach eine Ausrüstung entwickelt, welche dieses Meer aus Energie anzapfen konnte und es in Bewegungsenergie konvertieren konnte und dadurch ein UFO in der Atmosphäre und im interstellaren Bereich mit Energie versorgen würde.

Indem diese kosmische Energie in Bewegungsenergie umgewandelt wird, würde ein UFO von einem *lokalen* elektromagnetischen Feld umgeben sein, das verändert werden könnte und welches alle Sekundäreffekte verursachen würde, die mit dem UFO-Antrieb auftreten würden.

Plantier's Hypothese war die erste, die versuchte die Farbveränderungen, die mit Geschwindigkeitsveränderungen der UFO's beobachtet wurden, zu erklären. Mathematisch konnte seine Hypothese anzeigen, daß starke Beschleunigungen das UFO in ein rotes Glühen einhüllen würde, eine Wende mit hoher Geschwindigkeit würde ein grünes Glühen hervorrufen und einfaches schweben würde einen weißen Farbton aufzeigen.

Um zu erklären, wie ein UFO eine Aufheizung durch Reibung während eines Hochgeschwindigkeitsfluges vermeiden konnte, ging Plantier's Hypothese davon aus, daß das örtliche elektromagnetische Feld des UFO's die umgebende Luft etwas mit sich zog, um als so eine Art von isolierendem Puffer zu wirken.

Es ist auch signifikant festzustellen, daß Plantier's Überlegungen nicht nur versuchten einige Sekundäreffekte des UFO-Antriebs zu ergründen, sondern er schlug auch vor, daß die von dem UFO angezapfte universelle Energie mit dem Zug des irdischen Schwerkraftfeldes oder durch das Universum interagieren würde und diesen in Teilbereichen ausschaltete, damit das massive UFO in jede beliebige Richtung fliegen konnte, unabhängig von dem Zug des irdischen oder universellen Gravitationsfeldes, da sie das lokale elektromagnetische Feld des Flugkörpers nicht durchdringen konnten.

Plantier's Hypothese war absolut unzufriedenstellend, da sie im Detail nicht erklären konnte, wie die Ufonauten die kosmische Energie benutzten, um ihren Flugkörper vor dem Gravitationszug zu schützen und war aus diesem Grund nicht in der Lage eine experimentelle Überprüfung zu ermöglichen. Trotzdem ist es historisch interessant, daß er als erster versuchte die bei UFO's beobachteten Sekundäreffekte *mathematisch* zu ergründen. Sie zeigte auch einen Weg, wie die Ufonauten von den auftretenden Verharrungskräften geschützt werden könnten, da die Beschleunigungskräfte in gleicher Weise auf den massiven Flugkörper wie auch auf die Besatzung wirkten.

Aufgrund der vagen Natur solcher Konzepte wie dem "universellen Energiemeer" wählten viele Personen, die sich mit der hypothetischen UFO-Antriebstechnik befaßten, verständlichere Energiequellen.

Einer von ihnen, R. H. B. Winder, beschrieb in einer Serie von Artikeln für Flying Saucer Review seinen Entwurf eines diskoiden Flugkörpers, der schweben konnte und in der Lage war vertikal mit einer Beschleunigung von 30g's aufzusteigen. Wie gezeigt wurde, hatte der Winder-Flugkörper einen Durchmesser von etwas mehr als 30 Meter und wog 1000 Tonnen. Er hatte einen erhobenen Dom, der ein Hochdruckgebläse war und kalte, elektrisch neutrale Luft von oberhalb des Flugkörpers hereinzog und sie zwang durch einen Fusionsreaktor im Zentrum des Flugkörpers zu fließen. Hier würde die Luft von starken Gamma- und Neutronenstrahlungen des Fusionsreaktors ionisiert werden und würde gleichzeitig dazu dienen, den Reaktor zu kühlen.

Wenn die Luft einmal ionisiert ist, dann würde sie positiv und negativ geladen für einen Moment in einem zylindrisch-symmetrischen Behältnis mit Magnetfeldern (die von zwei Zellen im Grenzbereich, die entgegengesetzt gepolt sind, erzeugt werden und das D-He^3 Plasma des Fusionsprozesses im Grenzbereich umgeben) festgehalten werden, bevor sie in den Bereich unterhalb des Flugkörpers gelangt. An diesem Punkt würde eine Liftspule mit 3 Metern Durchmesser aktiviert werden, so daß das magnetische Feld langsam anfangen könnte von einer zentralen Feldstärke von 100 Kilogauss (etwa 200.000 mal stärker als das irdische Magnetfeld) aus zu pulsieren, bis es 200 Kilogauss erreicht. Diese extrem starken Magnetfelder wurden erreicht, indem supraleitende Niob/Zinn-Elektromagnete verwendet wurden, die hunderttausende von Ampere bei niedrigen Temeperaturen aushalten.

Wenn sich das Magnetfeld der Liftspule sich intensiviert, dann wird die in das Magnetfeld eingesperrte ionisierte Luft nach unten unterhalb des Flugkörpers hinausgedrückt, um für einen enormen Rückstoß zu sorgen, der benötigt wird, um ein so massives Objekt zu beschleunigen. Winder berechnete, daß dann die Liftspule 1,4 mal pro Sekunde gepulst werden müßte, dann würde jeder Puls 135 Tonnen Luft mit einer Geschwindigkeit von über 200 Meter pro Sekunde ausstoßen. Es würde durch das Magnetfeld der Liftspule eine Schubkraft von 30.000 Tonnen entstehen und den Flugkörper mit 30 g's beschleunigen. Der Flugkörper könnte auch in den Schwebezustand gebracht werden, wenn die Pulsfrequenz auf 7,5 Sekunden verändert würde und dann 1.800 Tonnen Luft mit einer Geschwindigkeit von 40 Meter pro Sekunde ausgestoßen würde.

Winder's Entwurf enthielt mehrere Schwachpunkte. Abgesehen von der Abschirmung, die erforderlich wäre, um die Besatzung des Flugkörpers vor der tödlichen Strahlung des zentral gelegenen Fusionsreaktors zu schützen, gab es das Problem, daß der Flugkörper für das Bodenpersonal oder für Beobachter eine Gefeahr darstellte, da die von ihm hocherhitzte Luft mit 130 Stundenkilometern ausgestoßen würde, die heiß genug wäre um die Oberfläche iner asphaltierten Straße zu entzünden!

Abgesehen von den zuvor aufgeführten Punkten, würde ein Flugkörper mit dieser Antriebsmethode im Schwebezustand mit jedem Puls des Magnetfeldes der Liftspule 30 Meter aufsteigen und wieder fallen. Es ist wohl belanglos zu sagen, daß dies eine kontrollierte und sichere Landung für diesen Flugkörper im Grunde genommen unmöglich machen würde, während die eingesetzten mächtigen Magnetfelder bei engem Formationsflug zu unkontrollierten katastrophalen Ergebnissen führen könnten.

Der wichtigste Schwachpunkt in Winder's Antriebshypothese ist jedoch, daß er nichts darüber aussagt, wie die Besatzung während der Beschleunigung vor den hohen G-Werten geschützt werden könnte. Da er davon ausging, daß UFO's während des Fluges ihre volle Masse behalten, war er gezwungen einen Fusionsreaktor mit einem hinreichend hohen Energieausstoß (10.200 Megawatt für den Schwebezustand und 12.200 Megawatt für eine volle Beschleunigung von 30 g's) zu verwenden, damit er sein hypothetisches 1.000-Tonnen-Schiff fliegen konnte. Da sein geplantes Schiff für den Flug im Weltraum untauglich gewesen wäre, hätte es dafür so modifiziert werden müssen, daß es enorme Mengen von Material zum Ausstoßen mit sich hätte bringen müssen. Es wurden keine Überlegungen angestellt, wie die Oberfläche des Flugkörpers während des Fluges vor aerodynamischer Reibungshitze hätte geschützt werden können, obwohl andere Ufologen wie der Amerikaner Coral Lorenzen vorschlugen, daß UFO's die aerodynamischen Probleme lösen, indem sie die Luft um ihren Flugkörper ionisieren und sie durch Magnetfelder von ihrem Flugkörper fernhalten.[5]

In der Bemühung die benötigte Antriebsenergie für ein UFO zu minimieren, wenn es die Kräfte der Gravitation einmal überwunden hätte und dadurch die Besatzung vor den Beschleunigungskräften geschützt wäre, wendeten sich die Personen der 60er, die sich mit Antriebstechniken befaßten, einer Vielzahl von Antigravitations-Hypothesen zu, die alle schließlich als nicht funktionsfähig widerlegt wurden.

Der englische Ingenieur Leonard G. Cramp bot seine berühmte "G-Feld"-Hypothese in zwei Büchern an.[6,7] Er behauptete, daß die Besatzung des schnell beschleunigenden UFO'S keine Beschleunigungskräfte fühlten, da alle Atome ihrer Körper ebenso wie die des Flugobjektes *mit dem gleichen Wert* innerhalb eines künstlich von "G-Feld-Projektoren" erzeugten örtlichen Gravitationsfeldes, das den Flugkörper umgibt, beschleunigt würden.

Seine Hypothese erlaubte es den UFO's die Gravitation und intern auftretende Beschleunigungskräfte zu überwinden und gleichzeitig erlaubte sie es dem Flugkörper und seiner Besatzung während des

Fluges ihre normale Masse zu behalten. Er konnte unglücklicherweise keine Details anbieten, wie solche G-Feld-Projektoren funktionieren könnten. Ebenso würde ein solches System wahrscheinlich aus den gleichen Gründen nicht nutzbar sein, die bei einem stählernen Auto gelten würden, in dem man einen sehr starken Magneten eingebaut hätte und das keine Bewegung erzeugen würde, solange der Magnet eine direkte Verbindung zu der Stahlkarosserie hätte.

Forscher wie der amerikanische Physiker T. Townsend Brown8 hatten Elektro-Gravitationsvorrichtungen entwickelt, von denen behauptet wurde, daß bestimmte hochkapazitive Nichtleiter eine Antriebskraft zur positiv geladenen Platte hin aufzeigen würden, wenn eine Hochspannung von 50 bis 300 Kilovolt angelegt würde.

Rotierendes hemisphärisches UFO, das mit doppelten AMF-Generatoren ausgestattet ist (es wurde ein Schnitt eingezeichnet, damit man die Inneneinrichtung leichter sehen kann).

Dieser Flugkörper wurde nur für den atmosphärischen Einsatz konzipiert und wird ansonsten von einem Mutterschiff mittransportiert.

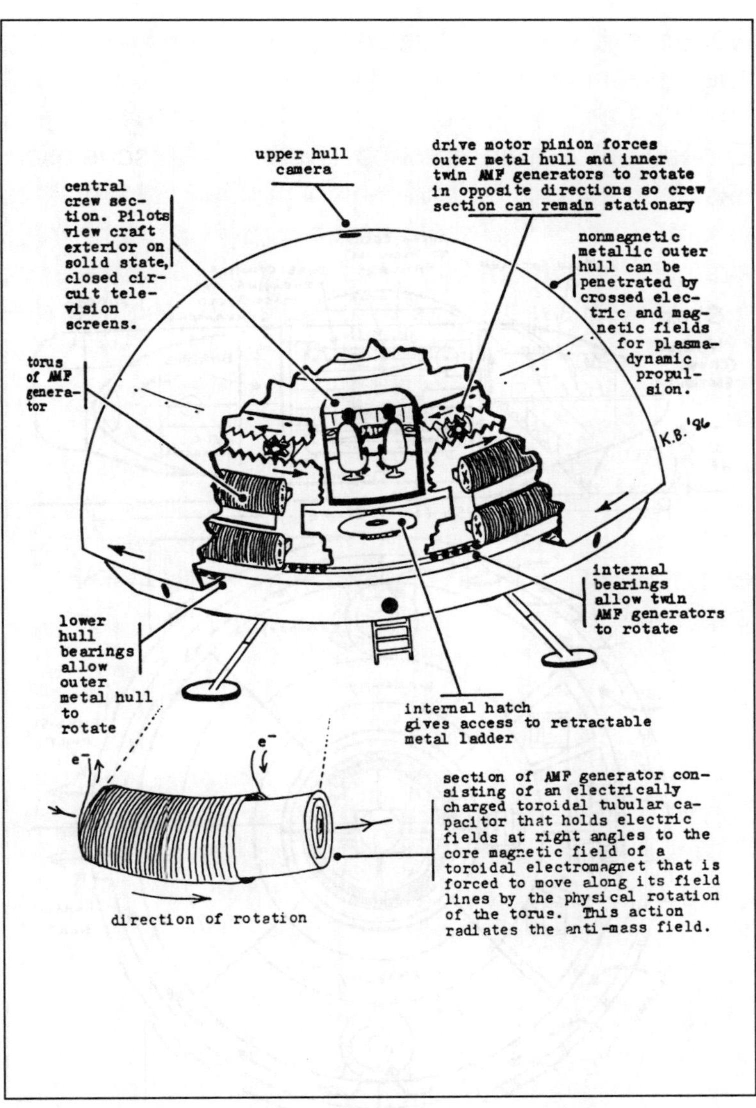
upper hull camera
drive motor pinion forces outer metal hull and inner twin AMF generators to rotate in opposite directions so crew section can remain stationary
central crew section. Pilots view craft exterior on solid state, closed circuit television screens.
nonmagnetic metallic outer hull can be penetrated by crossed electric and magnetic fields for plasmadynamic propulsion.
torus of AMF generator
K.B. '86
internal bearings allow twin AMF generators to rotate
lower hull bearings allow outer metal hull to rotate
internal hatch gives access to retractable metal ladder
e⁻
e⁻
section of AMF generator consisting of an electrically charged toroidal tubular capacitor that holds electric fields at right angles to the core magnetic field of a toroidal electromagnet that is forced to move along its field lines by the physical rotation of the torus. This action radiates the anti-mass field.
direction of rotation

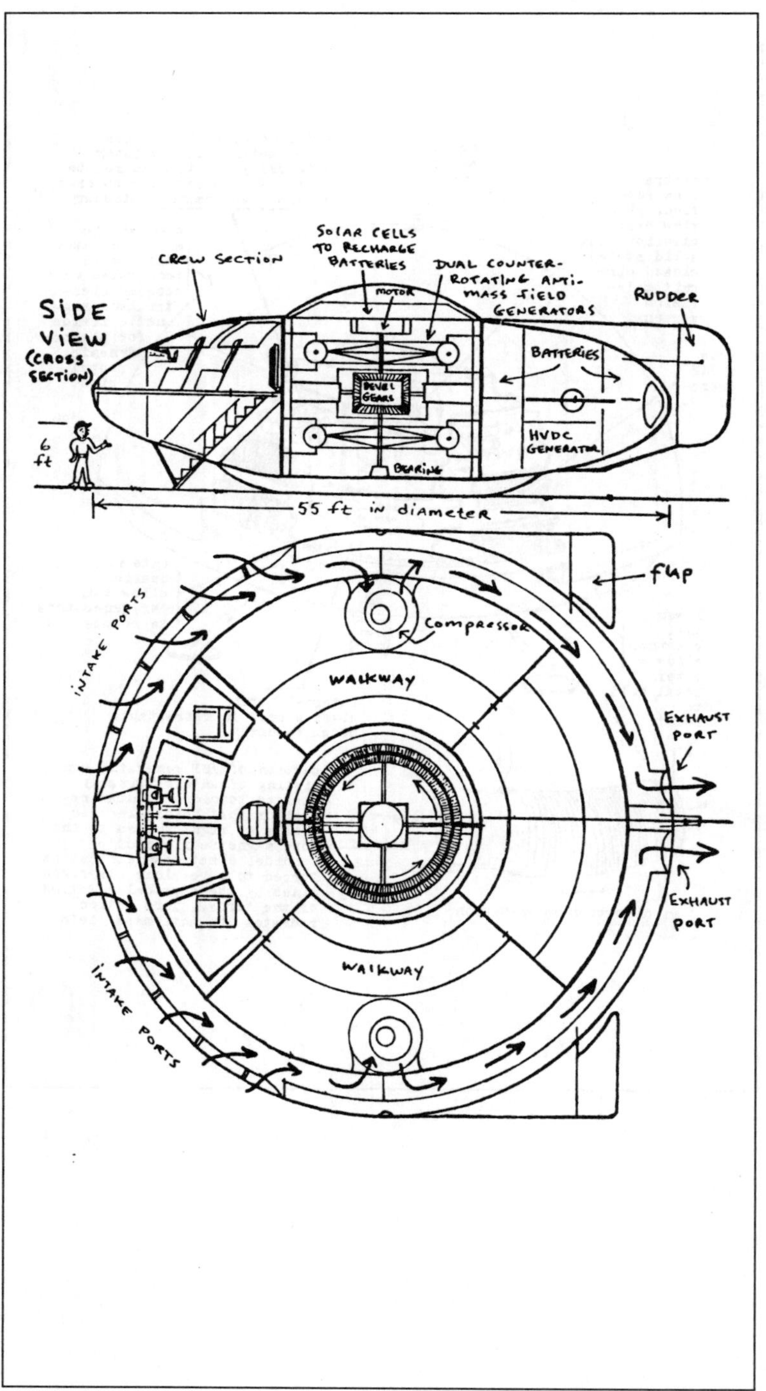
SOLAR CELLS TO RECHARGE BATTERIES
CREW SECTION
DUAL COUNTER-ROTATING ANTI-MASS FIELD GENERATORS
MOTOR
RUDDER
SIDE VIEW (CROSS SECTION)
BATTERIES
BEVEL GEARS
6 ft
HVDC GENERATOR
BEARING
55 ft in diameter
flap
INTAKE PORTS
COMPRESSOR
WALKWAY
EXHAUST PORT
EXHAUST PORT
WALKWAY
INTAKE PORTS

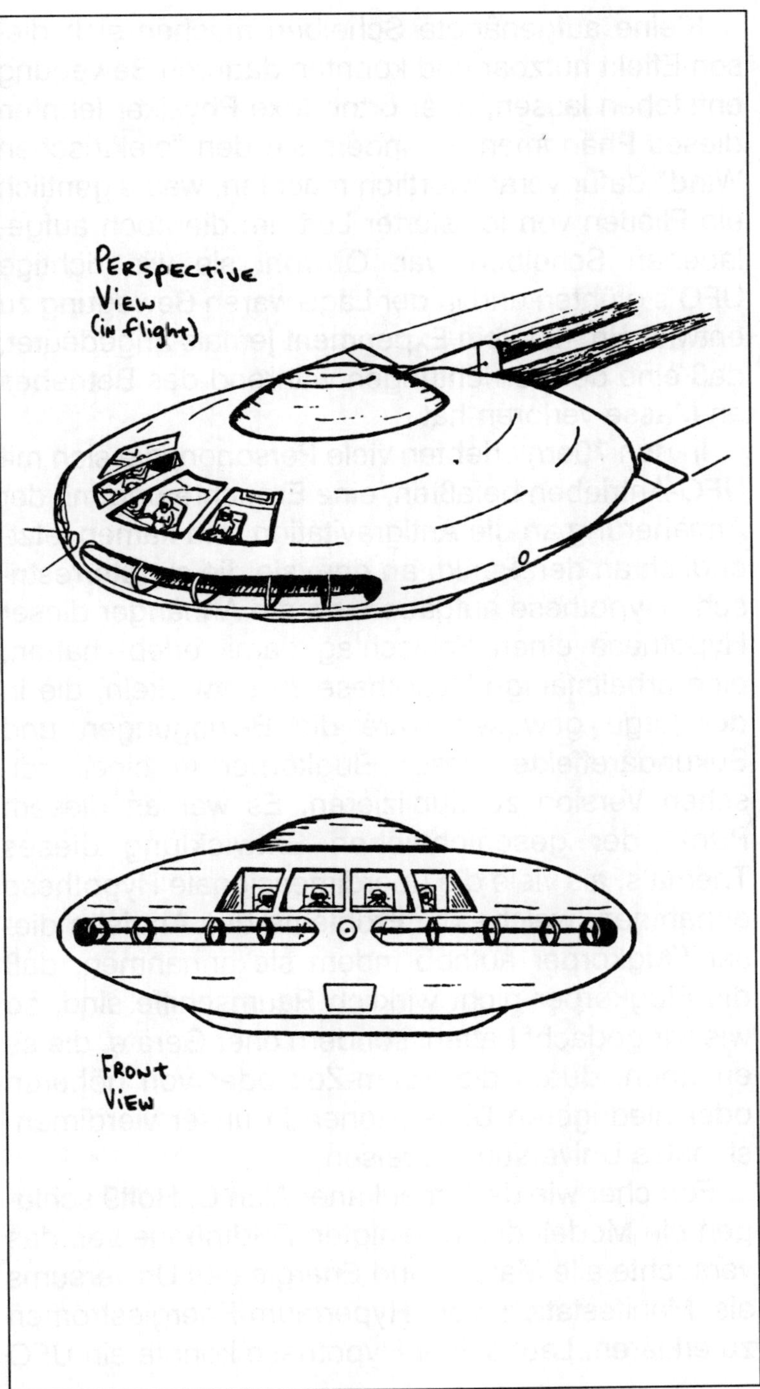
PERSPECTIVE
VIEW
(in flight)
FRONT
VIEW

Kleine aufgehängte Scheiben machen sich diesen Effekt nutzbar und konnten dadurch Bewegung entstehen lassen, aber orthodoxe Physiker lehnten dieses Phänomen ab, indem sie den "elektrischen Wind" dafür verantwortlich machten, was eigentlich ein Fließen von ionisierter Luft um die hoch aufgeladenen Scheiben war. Obwohl sie wie richtige UFO's glühten und in der Lage waren Bewegung zu entwickeln, hat kein Experiment jemals angedeutet, daß eine der Vorrichtungen während des Betriebes an Masse verloren hat.

In den 70ern erlebten viele Personen, die sich mit UFO-Antrieben befaßten, eine Ernüchterung mit der Annäherung an die Antigravitation und kamen letztendlich an den Punkt, an dem sie die extraterrestrische Hypothese aufgaben, da die Anhänger dieser Hypothese einen Fehlschlag damit erlebt hatten, eine arbeitsfähige Hypothese zu entwickeln, die in der Lage gewesen wäre die Bewegungen und Sekundäreffekte dieser Flugkörper in einer irdischen Version zu duplizieren. Es war an diesem Punkt der geschichtlichen Entwicklung dieses Thema's, als viele die überdimensionale Hypothese annahmen, welche die Probleme des Antriebs dieser Flugkörper aufhob indem sie annahmen, daß die Flugkörper nicht wirklich Raumschiffe sind, so wie wir gedacht hatten, sondern eher Geräte, die es erlauben, durch die Raum-Zeit oder von höheren oder niedrigeren Dimensionen in unser vierdimensionales Universum zu reisen.

Forscher wie der Amerikaner Alan C. Holt9 schlugen ein Modell der vereinigten Feldtheorie vor, das versuchte alle Materie und Energie des Universums als Manifestation von Hyperraum-Energieströmen zu erklären. Laut seiner Hypothese konnte ein UFO seinen Aufenthaltsort wechseln, indem es elektromagnetische Energie in Gravitationsenergie umwandelte. Wenn sein "Resonanz-Raumschiff" Laserpulse, Magnetfelder und Elektronenstrahlen benutzt, dann würde es oszillierende Energiemuster in einem Metalltorus erzeugen, die dann wiederum mit den angenommenen Energiemustern des Hyperraums in Wechselwirkung treten würden, damit die Effekte des lokalen Gravitationsfeldes aufgehoben würden. Er stellte sich einen Flugkörper vor, der diese unglaublichen Flugmanöver durchführt, die manchmal bei UFO's beobachtet werden, wenn er sich nicht mehr ganz in Resonanz mit den lokalen Energiemustern des Hyperraumes befinden würde. Wenn er sich überhaupt nicht mehr in Resonanz mit der örtlichen Hyperraumumgebung befinden würde, dann würde sein Flugkörper augenblicklich durch die Raum-Zeit zu seiner Resonanzposition im Universum reisen, die sich sehr weit von seinem Ausgangspunkt entfernt befinden könnte.

Ein anderer amerikanischer Forscher, Daniel Eden, hat eine ungewöhnliche Erklärung für die "multiplen Erscheinungsformen" der UFO's auf Photographien vorgeschlagen, da die UFO's anscheinend während der Belichtungsphase an verschiedenen Orten materialisieren.[10] Er schlug vor, daß diese Photo's zeigen, daß der Flugkörper eigentlich schnell oszilliert oder sich von einem höheren Raum/Zeit-Kontinuum in ein niedrigeres als unseres bewegt. Dadurch überwindet er die Gravitation und die Trägheit in unserem Raum/Zeit-Kontinuum, da der Pilot den Flugkörper nur konstant an die örtlichen Begebenheiten anpaßt, wenn er sich durch unser Universum bewegt.

Es gibt viele Probleme bei dem Versuch einer überdimensionalen Annäherung an die Thematik der UFO-Antriebe und ihrer Dynamik. Sie beruhen alle auf der angenommenen Existenz von solchen Dingen wie Paralelluniversen und einer Reihe von vagen und noch nicht entdeckten Effekten, die den Zugang zu diesen Bereichen ermöglichen würden. Sie sagen nichts über viele der Sekundäreffekte aus, wie z. B. dem Ausfall des Automotors, dem Auslöschen von brennenden elektrischen Glühbirnen, der Interferenz mit dem Radio- und Fernsehempfang und der Energieverteilung und der Levitation von Fahrzeugen und ihren Fahrern/-innen in der Nähe von großen schwebenden UFO's. Ebensowenig erklärt diese Hypothese die beobachteten alarmierenden physiologischen Effekte wie Hautverbrennungen und Lähmung, die manchmal menschlichen Augenzeugen in der direkten Umgebung von UFO's widerfahren sind.

Während der 70er und 80er Jahre war nur eine Handvoll von Ufologen verblieben, die an die extraterrestrische Hypothese glaubten und suchten nach materialistischen Lösungen für dieses Phänomen, die eine experimentelle Überprüfung ermöglichen würden.

Der amerikanische Ufologe James M. McCampbell hatte die Vorstellung, daß UFO's materielle Flugkörper sind, deren Erbauer eine Technologie entwickelt hatten, die es ihnen erlaubte, die Masse des Objektes in großem Umfang zu reduzieren.[11] Er hat versucht die vielfältigen Farberscheinungen während des Flugbetriebs zu erklären, indem er davon ausging, daß dies durch vom Flugkörper ausgehende Mikrowellenstrahlung entsteht.

Obwohl er keine detailierte Erklärung über die Funktionsweise einer Massereduzierung zur Verringerung der Gravitation und der Trägheit gegeben hat, so hat seine Forschung über von UFO's ausgehende Mikrowellenstrahlung dazu geführt, daß der sogenannte "heiße Ring" Effekt erfolgreich erklärt werden konnte. Dieser Effekt wird manchmal von Augenzeugen beschrieben, die eine nahe Begegnung mit einem UFO erlebt hatten und die bemerkten, daß dabei ihr Ring am Finger heiß geworden war. Offensichtlich können die Ringe als Miniatur-Schleifenantenne fungieren, die empfangene Mikrowellenstrahlung in elektrischen Strom umwandeln können, der dann wiederum den metallischen Ring aufheizt.

Der Autor dieses Kapitels hatte auch weiterhin daran geglaubt, daß die UFO-Besatzungen außerirdisch sind und er glaubt, daß wir nur dann in der Lage sein werden, das von den UFO's benutzte Antriebssystem nachzubauen und die mit dieser Technologie verbundenen Sekundäreffekte zu reproduzieren, wenn wir davon ausgehen, daß UFO's aus einem physischen Flugkörper bestehen und zwischen Sternensystemen reisen, indem sie sich durch *unser* Universum mit einer Technologie bewegen, die nur ein *wenig* weiter entwickelt ist als die, die wir schon besitzen!

Während des letzten Jahrzehnts hat der Autor dieses Kapitels systematisch eine neue Hypothese für den UFO-Antrieb und die Sekundäreffekte entwickelt, die alle Kriterien für eine einsetzbare und funktionsfähige Hypothese erfolgreich erfüllt. Diese neue Hypothese wird als "Anti-Masse-Feld-Theorie" oder "AMF-Theorie" bezeichnet, obwohl sie technisch gesehen eher näher bei einer Hypothese angesiedelt ist als bei einer völlig unabhängig gewordenen Theorie.

Sie beginnt als ein neues Modell mit der Beschreibung, wie Objekte ihre Gravitations- und Trägheitskräfte erzeugen, die wir messen, um die "Masse" des Objektes zu messen. Das neue Modell geht davon aus, daß alle in den Atomen eines Objektes enthaltenen subatomaren Partikel eine Art von nicht-elektromagnetischer Strahlung abgeben, die sich von dem Objekt mit Lichtgeschwindigkeit entfernen. Es ist die Ablenkung oder Beugung dieser Strahlung die in Wechselwirkung mit der von anderen Objekten abgegebenen Strahlung tritt und dadurch eine Kraft entstehen läßt, die wir "Gravitation" nennen, die dazu tendiert alle Objekte zusammen zu ziehen. Wenn sich ein Objekt bewegt, dann zwingt seine Bewegung die von ihm abgegebene unsichtbare Strahlung sich zu beugen und diese Beugung erzeugt die Kraft, die wir "Trägheit" nennen, die dazu tendiert entgegen der Beschleunigung und der Verzögerung des Objektes zu wirken. Zeitgenössische Physiker würden diese von den subatomaren Partikeln abgegebene unsichtbare Strahlung eines Objektes als das "Gravitationsfeld" des Objektes bezeichnen. Der Autor dieses Kapitels zieht es allerdings vor dies als das "Massefeld" des Objekts zu bezeichnen.

Es sollte von dem oben aufgeführten offensichtlich sein, daß es für den Fall, daß es uns gelingen würde, das Massefeld des Objektes teilweise zu reduzieren oder zu neutralisieren, es zu einer Verringerung der Gravitations- und Trägheitskräfte des Objektes kommen würde und es dann *effektiv* eine geringere Masse hätte. Wenn das ganze Massefeld eines Objektes neutralisiert werden könnte, dann würde dieses Objekt völlig masselos werden.

Die Wesen, die diese extraterrestrischen Flugobjekte entworfen und gebaut haben und damit unsere Welt besuchen, haben es gelernt, wie man das von den Atomen ihres Flugobjektes und den Körpern seiner Besatzung erzeugte normale Massefeld neutralisieren kann. Nach der AMF-Theorie wurde dies dadurch erreicht, indem ihr Flugobjekt mit Vorrichtungen ausstattet wurde, die man als "Anti-Massefeld-Generatoren" kennt. Diese Vorrichtungen erzeugen ein Feld, dessen "Polarität" dem von dem Flugobjekt und der Besatzung erzeugten normalen Massefeld entgegengesetzt ist und dadurch dieses Massefeld aufhebt oder neutralisiert. Mit geringer oder gar keiner Masse kann sich das UFO und seine Besatzung dann lebhaft in der Atmosphäre eines Planeten bewegen, ohne das enorme Energiemengen verschwendet werden müssen, die massive Flugobjekte sonst erfordern. Sie können im masselosen Zustand auch durch den interstellaren und intergalaktischen Raum mit Geschwindigkeiten jenseits der Lichtgeschwindigkeit reisen ohne damit Einstein's Relativitätstheorie zu verletzen.[12,13]

Die AMF-Theorie bietet weiterhin auch eine detaillierte Beschreibung der Mittel zur Generierung eines Anti-Massefeldes an und ebenso eine grundsätzliche Beschreibung der zur Erzeugung dieses neuen Feldeffektes erforderlichen Ausrüstung. Grundsätzlich baut der in dem UFO installierte AMF-Generator ein Anti-Massefeld auf, wenn ein Magnetfeld an seinen Feldlinien im rechten Winkel zu einem elektrischen Feld entlang geführt wird. AMF-Generatoren haben gwöhnlicherweise eine toroide oder ringartige Form und bestehen aus einem toroiden Elektromagneten, der ein sehr starkes Magnetfeld im Kern des Torus erzeugt. Der Kern enthält auch einen toroiden und röhrenförmigen Kondensator, der aus aufgeladenen toroiden Platten besteht, die die elektrischen Felder im rechten Winkel zum Magnetfeld des Kernes halten.

Die magnetischen und elektrischen Felder innerhalb des toroiden AMF-Generators sind für sich alleine nicht in der Lage ein Anti-Massefeld zu erzeugen. Es ist immer noch notwendig das Magnetfeld des Kerns entlang

seiner Feldlinien zu bewegen und dies wird normalerweise dadurch erreicht, indem man die gesamte Vorrichtung rotieren läßt. Diese Bedingung wird offensichtlich von vielen UFO's erfüllt, die eine rotierende Oberfläche aufweisen. In diesen Fällen ist der AMF-Generator mechanisch mit der rotierenden Oberflächenhülle verbunden und rotiert innerhalb in entgegengesetzter Richtung. Wenn ein solches Flugobjekt gelandet ist, dann reduziert es seine Drehzahl und stoppt schließlich völlig die AMF-Generatoren und hat dann wieder seine volle Masse.

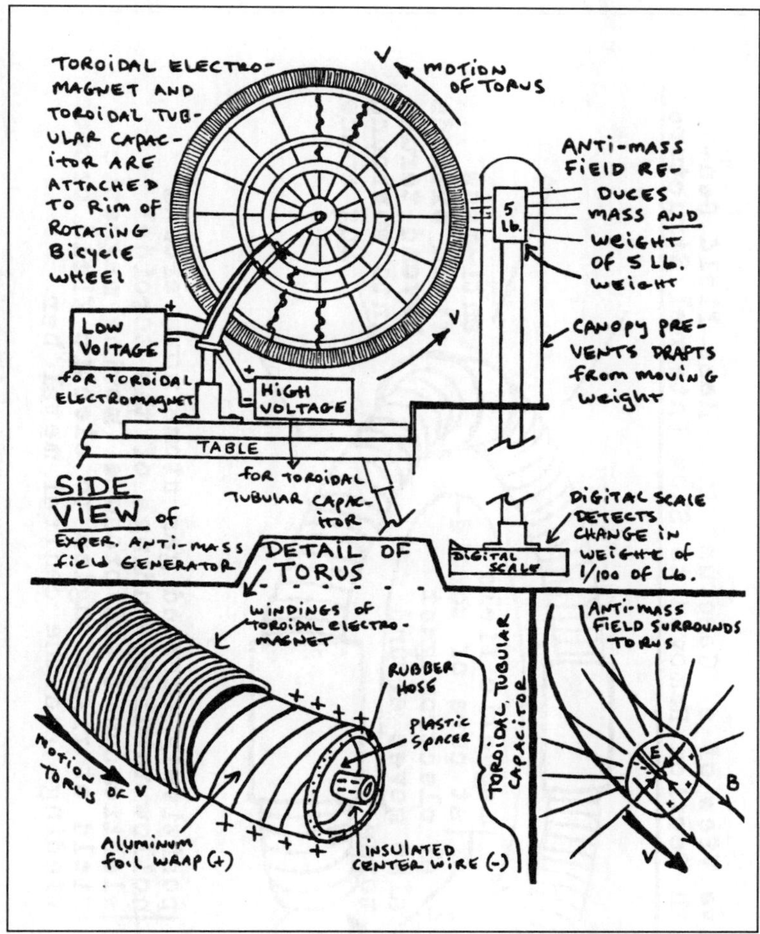
TOROIDAL ELECTRO-MAGNET AND TOROIDAL TUBULAR CAPACITOR ARE ATTACHED TO RIM OF ROTATING BICYCLE WHEEL
V
MOTION OF TORUS
ANTI-MASS FIELD REDUCES MASS AND WEIGHT OF 5 LB. WEIGHT
5 lb.
CANOPY PREVENTS DRAFTS FROM MOVING WEIGHT
LOW VOLTAGE
FOR TOROIDAL ELECTROMAGNET
HIGH VOLTAGE
TABLE
FOR TOROIDAL TUBULAR CAPACITOR
SIDE VIEW of EXPER. ANTI-MASS FIELD GENERATOR
DETAIL OF TORUS
DIGITAL SCALE
DIGITAL SCALE DETECTS CHANGE IN WEIGHT OF 1/100 OF LB.
WINDINGS OF TOROIDAL ELECTRO-MAGNET
RUBBER HOSE
PLASTIC SPACER
TOROIDAL TUBULAR CAPACITOR
MOTION TORUS OR V
ALUMINUM FOIL WRAP (+)
INSULATED CENTER WIRE (-)
ANTI-MASS FIELD SURROUNDS TORUS
E
B
V

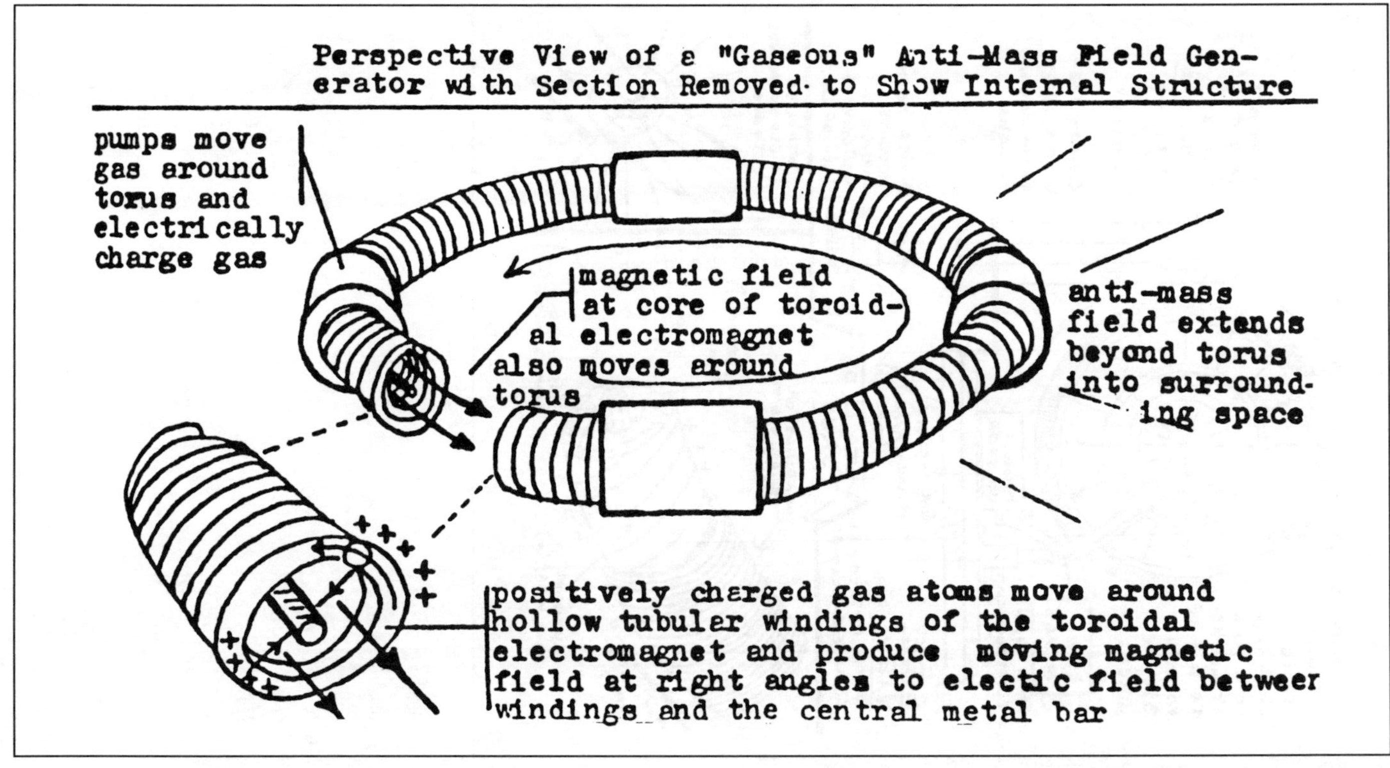

Perspective View of a "Gaseous" Anti-Mass Field Generator with Section Removed to Show Internal Structure
pumps move gas around torus and electrically charge gas
magnetic field at core of toroidal electromagnet also moves around torus
anti-mass field extends beyond torus into surrounding space
positively charged gas atoms move around hollow tubuler windings of the toroidal electromagnet and produce moving magnetic field at right angles to electic field betweer windings and the central metal bar

Perspective View of a "Rotating" Anti-Mass Field Generator with Section Removed to Show Internal Structure

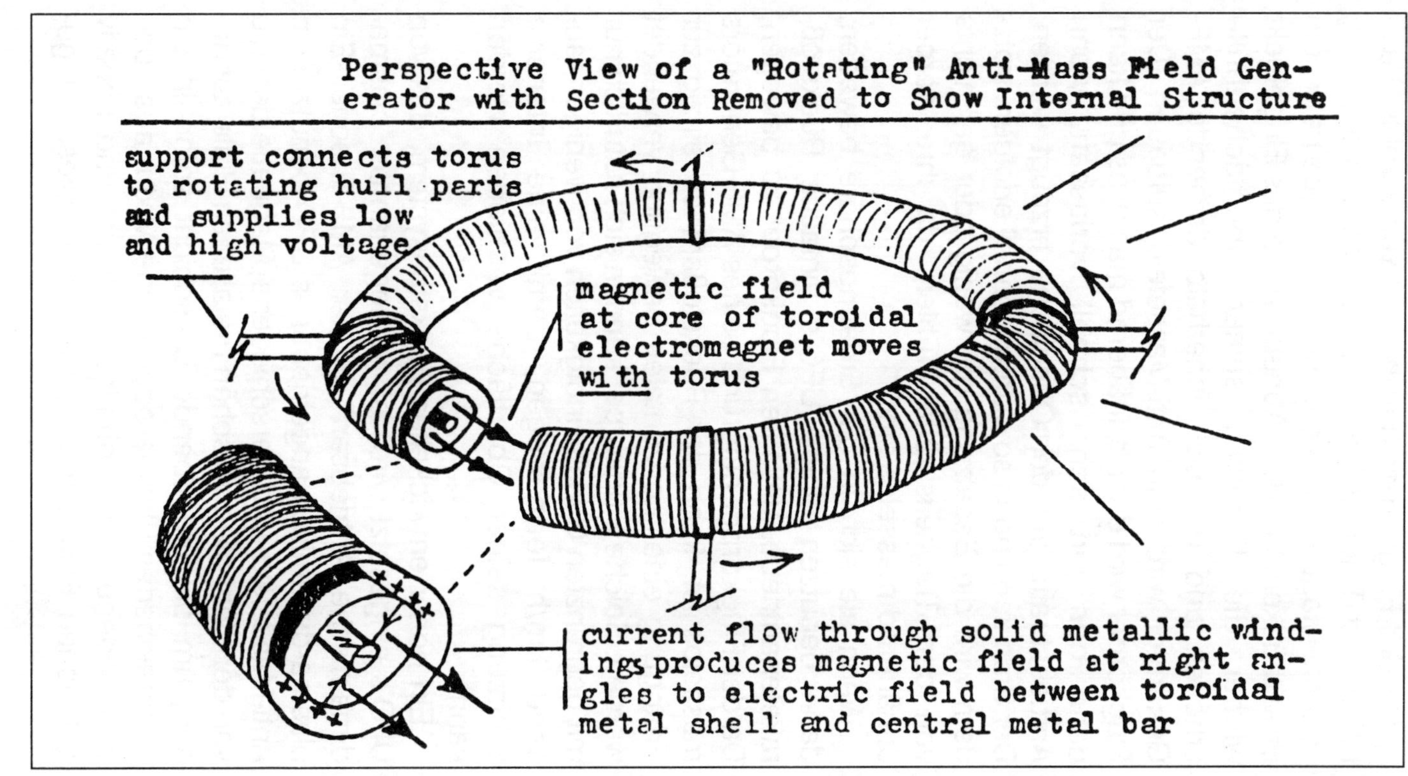

Da der Flugkörper nun wieder seine volle Gravitation und Trägheit besitzt, kann er nun wieder zig Tonnen wiegen und kann seine Landebeine in die Erde drücken. Vor dem Abheben wird das Flugobjekt wieder die Drehzahl seiner Oberflächenhülle erhöhen und der sich innerhalb drehende AMF-Generator wird sein Anti-Massefeld aufbauen. Der Flugkörper wird dann annähernd masselos und kann dann den Ort sehr schnell verlassen, wenn Antriebskräfte auf der Oberfläche erzeugt werden. Der Start kann noch so extrem schnell erfolgen, trotzdem wird die Besatzung nur wenig oder gar nichts von den Trägheitskräften fühlen, da ihre Körper annähernd masselos sind.

Wenn sie sich in der Erdatmosphäre bewegen, dann benutzen einige UFO's einfache Rückstoßraketenantriebe, um ihren Flugkörper zu bewegen. Da der Flugkörper aufgrund seines AMF-Generators masselos ist, kann der Rückstoßantrieb einzig zur Erlangung einer horizontalen Bewegung verwendet werden. Solche Flugkörper können sich natürlich nur mit begrenzten Geschwindigkeiten von wenigen tausend km/h fortbewegen, damit eine intensive Erhitzung seiner Oberfläche vermieden werden kann.

Ein höher entwickeltes Rückstoßsystem, das von UFO's eingesetzt wird, ist die sogenannte "plasmadynamische Antriebsart" in der AMF-Theorie. Ein plasma-dynamisch angetriebenes UFO benutzt sein Anti-Massefeld und verschiedene Magnetfelder, die von der nicht-magnetischen metallenen Hülle ausgehen, um die umgebende Luftschicht sofort in ein angereichertes Plasma oder in eine Mixtur aus positiv geladenen atmosphärischen Ionen und negativ geladenen Elektronen umzuwandeln. Dieses angereicherte Plasma wird dann den kreuzenden oder sich rechtwinklig dazu befindenden elektrischen und magnetischen Feldern ausgesetzt, die von der Antriebseinrichtung innerhalb der Hülle des UFO's in das Plasma hineinprojeziert werden. Diese kreuzenden elektrischen und magnetischen Felder wirken dann über die sogenannten "Lorentz-Kräfte" auf die geladenen Plasma-Partikel und zwingen sie mit enormer Geschwindigkeit *um* den Flugkörper *herum* zu fliegen. Da das Plasma gezwungen ist um die Hülle zu fliegen, ohne diese zu berühren, ist ein aerodynamischer Luftwiderstand grundsätzlich ausgeschlossen und ein masseloses UFO kann extrem hohe Beschleunigungswerte in unserer Atmosphäre erreichen ohne solche Turbulenzen wie den "Überschallknall" auszulösen.

Die AMF-Theorie kann weiterhin dafür benutzt werden, um zu erklären, wie bei einem sich bewegendem UFO die Grenzschicht des umgebenden Plasmas sichtbar glühen kann. Wenn sich die geladenen Plasma-Partikel durch die kreuzenden elektrischen und magnetischen Felder nahe der Hülle des Flugkörpers bewegen, dann werden sich die geladenen Partikel seltsam zykloid bewegen. Diese Bewegung zwingt sie eine Art von elektromagnetischer Strahlung abzugeben, die als "Zyklotron-Strahlung" bekannt ist. Wenn die Magnetfelder in der Nähe der Hülle des Flugobjektes eine Stärke von 1000 Gaus haben und die Masse mit dem Anti-Massefeld des UFO's auf ein zehntausendstel ihres normalen Wertes reduziert worden ist, dann ergeben Berechnungen, daß diese Elektronen eine *sichtbare* Zyklotron-Strahlung im infraroten und ultravioleten Bereich des Spektrums abgeben können. Es sind diese Strahlungen, die die Erhitzung, die

Hautverbrennungen und Augenverletzungen als die mit den Antriebssystemen von UFO's verbundenen Sekundäreffekte bewirken.

Die AMF-Theorie hat im Grunde genommen soweit erfolgreich alle mit UFO's verbundenen Sekundäreffekte erklärt. Sie hat zum Beispiel eine Erklärung dafür, weshalb Automotoren und Stromerzeugung bei Annäherung eines UFO's ausfallen. In diesen Fällen können entfernte Magnetfelder mit dem Anti-Massefeld der UFO's interagieren, indem sie sie erreichen und die Luft in der Nähe der Magnetfelder ionisieren. Diese ionisierte Luft ist elektrisch leitend und kann Stromkreise mit Hochspannung kurzschließen, wie zum Beispiel die Zündanlage eines Autos und Hochspannungsleitungen in der Nähe der Hochspannungsmasten.

Die AMF-Theorie befindet sich immer noch im Zustand der Entwicklung und Verfeinerung, sie ist aber schon detailliert genug, damit mit der notwendigen Forschung zum Nachbau von UFO-Antrieben begonnen werden kann.

Quellenverzeichnis

1. Adamski, George. *Inside the Spaceships.* Abelard-Schuman, London, 1955.

2. Heard, Gerald. *Is Another World Watching? The Riddle of the Flying Saucers.* Bantam Books, New York, 1953.

3. Michel, Aime. *The Truth About Flying Saucers.* Criterion Books, New York, 1956.

4. Winder, R. H. B. "Design for a Flying Saucer," *Flying Saucer Review.* 1966, Vol. 12, No. 6, S. 21; 1967, Vol. 13, No. 1, S. 13; 1967, Vol- 13, No. 2, S. 20; Vol. 13, No. 3, S. 9.

5. Lorenzen, Coral E. *The Great Flying Saucer Hoax,* William Hendricks Press, New York, 1962, S. 139.

6. Cramp, Leonard G. Space, *Gravity and the Flying Saucer.* The British Book Center, New York, 1955.

7. Cramp, Leonard G. *Piece for a Jigsaw.* Sommerton Publishing Company, Cowes, Isle of Wight, England, 1966.

8. Moore, William. "The Wizzard of Electrcogravity Revisited," *UFO Report,* Winter 1981, Vol. 9, No. 4, S. 42, New York.

9. Holt, Alan C. "Starcraft: The Anti-Gravity Fleet," *Science Digest,* Mai 1982, S. 78, New York.

10. Eden Daniel. “Effective Mass and the UFO,” *Pursuit,* Fourth Quarter 1984, Vol. 17, No. 4 (komplette Ausgabe No. 68), Little Silver, New Jersey.

11. McCampbell, James M. *Ufology: New Insights from Science and Common Sense.* Celestial Arts, Millbrae, Kalifornien, 1976.

12. Behrendt, Kenneth. “Introduction to Anti-Mass Field Physics,” *AURA,* Aug. 1985, Vol. 1, No. 3, S. 1, Elizabeth, New Jersey.

13. Behrendt, Kenneth. “Beyond Relativity Theory and the Light Barrier,” *AURA,* Feb. 1986, Vol. 2, No. 5, S. 1, Elizabeth, New Jersey.

Kenneth W. Behrendt hat ein BA und ein MS in Chemie von der Rutgers Universität. Er hatte verschiedene Positionen im technischen Bereich inne, unter anderem als Controller im elektrischen Bereich, als Chemiker in der Pharmazie und er war auch als Ingenieur Vertreter für eine Metallveredlungsfirma tätig.

Er hat verschiedene Artikel veröffentlicht, einschließlich UFO Propulsion Systems, Origins and purposes (1978) und 1985 begann er die Veröffentlichung von AURA (Annals of Ufological Research Advances), welches die Anti-Massefeldtheorie tiefergehend behandelt.

Sein erstes Buch *The Physics of the Paranomal,* 1987, wendet die Anti-Massefeldtheorie bei verschiedenen paranormalen und parapsychologischen Phänomenen an.

Korrespondenz an Herrn Behrendt sollte an folgende Adresse gesandt werden: 274 Second St. Elizabeth, New Jersey, 07206 USA.

Jene verrückten Anti-Gravitations

20er und 30er

Illustration by Mick Brownfield

Nikola Tesla's fantastischer Warcliff Turm war so entworfen worden, daß er Energie durch die Erde hindurch senden konnte, damit jedes elektrische Gerät **an jedem Ort** Energie empfangen konnte. Beachten Sie die Anti-Gravitations-Luftschiffe, die um den Turm schweben, um von ihm Energie aufzunehmen.

Bevor viele Generationen vergangen sind, werden unsere Maschinen von Energie angetrieben, die an jedem Ort des Universums erhältlich ist.... es ist nur eine Frage der Zeit, bis die Menschheit erfolgreich ihre Maschinen mit dem speziellen Räderwerk der Natur verbunden hat.

Nikola Tesla, 1891

Keine andere Ära als die 20er und 30er Jahre war mehr hingerissen von der Vision der Anti-Gravitation und dem gewaltigen Potential, die sie mit sich brachte. Science fiction war ein populäres Medium geworden mit der ganzen Bandbreite von billigen Groschenheftchen bis zu superwissenschaftlichen melodramatischen Matinees am Samstag.

Freie Energie, magische Motoren und drahtlosen Energieübertragungen waren beliebte Themen. Nikola Tesla und Albert Einstein hatten die öffentliche Vorstellungskraft gefangen und einige Zeit schien es, daß alles möglich sein könnte. Eine Science Fiction Realität war dabei Wirklichkeit zu werden und würde die Welt zum Besseren verändern. Eine Ära von gigantischen Luftschiffen, die von Anti-Gravitationsgeräten und freie Energie-Aggregaten mit Energie versorgt wurden, waren nur wenige Schritte entfernt. Unglücklicherweise wurde das Gespenst des 2. Weltkrieges am Horizont sichtbar und wissenschaftliche Entwicklungen wurden von der Seite des Militärs großer Geheimhaltung unterworfen. Als es vorbei war, war Nikola Tesla tot, als armer Mann und mit angezweifeltem Ruf in einem Hotelzimmer einer Absteige in New York gestorben. Später ging die wissenschaftliche Gemeinde zu drastischen Schritten über, um zu versuchen seinen Namen aus den

Schulbüchern zu entfernen, damit nur Elektroingenieure sich seiner bewußt wären und selbst dann wäre ihr Studium um das Wissen seiner Arbeit streng eingegrenzt. Während jedes amerikanische Schulkind lernte, daß Otis den Aufzug erfand und Marconi das Radio (obwohl Tesla einen Patentstreit mit Marconi gewann) verschwand Nikola Tesla im dunklen Nebel der Wissenschaft. Seine revolutionären Erfindungen würden Science Fiction bleiben und jene große Ära, von der in den 20ern und 30ern geträumt worden war, war wieder Science Fiction. Heutzutage scheint der Traum von Anti-Gravitations-Luftschiffen, freie Energie-Motoren und drahtloser Energieübertragung weiter als je zuvor entfernt zu sein. Oder es ist zumindest das, was das wissenschaftliche Establishment von uns erwartet, was wir glauben sollen. Laut den Artikeln, die von Tesla selbst geschrieben worden sind, beruht die drahtlose Energieübertragung und -empfang auf dem Phänomen der terrestrischen Resonanz, die er 1899 mit seinem "magnifying transmitter" entdeckt hatte. Er betrachtete die gesamte Erde als einen riesigen Draht oder Leiter und als er ihre Konstanten in elektrischen Einheiten festgestellt hatte, entwarf er den passenden drahtlosen Transmitter, der benötigt wurde, um die gesamte Erde in eine mächtige elektrische Vibration zu versetzen, damit an jedem Punkt an der Oberfläche Energie abgezapft werden konnte. Ein Artikel von 1929 über Tesla's drahtlose Energieübertragung sagte aus "Wenn wir nach Tesla's Energieübertragungstheorie wünschen Licht einzuschalten oder einen Motor anzutreiben, dann müssen wir nichts weiter tun als eine elektrische Kapazität wie zum Beispiel eine Antenne oder einen anderen passenden Leiter mit dem Apparat verbinden. Diese

Kapazität zapft dann ihren angemessenen Teil von der oszillierenden elektrischen Energie des Transmitters ab. Wir haben heutzutage nur Radiosignale oder Funktelefone, aber falls Tesla's Theorie stimmt, und viele Ingenieure glauben, daß dem so ist, dann sollten wir keine Überlandleitungen mehr haben, die von den Kraftwerken aus hunderte von Kilometern die Landschaft durchkreuzen, um uns mit Strom für das elektrische Licht, den Elektroherd, die Elektroheizung und die elektrischen Gebläse zu versorgen. Anstatt dessen sollten wir eine elektrische Kapazität wie eine Kugel oder vielleicht einen Zylinder haben, der auf dem Dachboden oder in der Decke des Hauses eingebaut wäre und wenn er durch einen Tesla-Umwandler mit der Erde verbunden wäre, dann würden wir den benötigten elektrischen Strom abzapfen, damit wir unsere Haushaltsgeräte betreiben könnten. Es wäre eine einfache Angelegenheit ein Ablesegerät anzuschließen, damit der Energieverbrauch gemessen und auf die reguläre Weise an die Eigentümer der zentralen Kraftwerke bezahlt werden könnte." Es wird hier *Tesla's World-Wide Transmission of Electrical Signals* (=weltweite Übertragung von elektrischen Signalen; Anm. d. Übers.) erklärt. Dies sind Zeichnung aus einem Artikel aus dem Jahre 1929, der folgendes aufführt "Theorie, Analogie und Realisation. Tesla's Experimente mit 30 Meter großen Entladungen mit einem Potential von Millionen von Volt haben gezeigt, daß die wiedererlangbaren Grundwellen Tesla's sich durch die Erde bewegen. Rundfunkingenieure beginnen allmählich den Umfang und die Gesetze Tesla's, die er vor einem Viertel-Jahrhundert niedergeschrieben hatte, als real und mit wahrhaftiger Basis der heutigen drahtlosen

Übertragung zu erkennen." In den zwanziger Jahren waren Anti-Gravitation-Luftschiffe in Mode und die meisten Wissenschaftler glaubten, daß die Technologie sich gerade hinter der nächsten Ecke befindet. Nikola Tesla glaubte sicherlich auch daran. Buckminster Fuller wollte Anti-Gravitations-Luftschiffe benutzen, um die Welt zu vereinigen, ebenso wollte er vorgefertigte Türme mit zehn Stockwerken bauen und mithelfen, die Menschheit mit einer angemessenen und umweltfreundlichen Technologie ins 21. Jahrhundert zu bringen. Vor kurzem sagte Oliver Nichelson in seinem Artikel "Die Todesstrahlen von Nikola Tesla" (Januar-Ausgabe des Fate Magazine, 1990), daß Experimente von Tesla mit seinem Warcliff Turm auf Long Island die Ursache für die Explosion über Tunguska in Sibirien im Jahre 1908 waren. Nichelson stellte die Theorie auf, daß Tesla dem Arktis-Erforscher Peary auf Ellesmere Island seine Strahlen demonstrieren wollte, aber über die rauhe arktische Gegend, in der sich Peary aufhielt, hinausschoß und anstatt dessen eine abgelegene Region in Sibirien zerstörte.

TRUE REPORTS OF THE STRANGE & UNKNOWN
FATE
January
1990
USA $1.95
CAN $2.75
U.K £ 2
TESLA'S DEATH RAY
THE MINISTER
OF FAIRYLAND
THE FLYING
HORSEMAN
SEEING YOUR
FUTURE
The New Age & Beyond

Wellentheorien waren in jener Zeit sehr beliebt und die Radiowellen-Technologie enthielt viele Versprechungen. Nach den Aussagen einiger Forscher hat Nikola Tesla's Student Guglielmo Marconi (1874-1937), dem von vielen die Erfindung des Radios zugesprochen wird, obwohl Tesla auf legalem Weg einen Patentstreit mit ihm gewonnen hat, einen ähnlichen Todesstrahl dem italienischen Diktator Mussolini kurz vor seinem Tod vorgeführt.

Später war von mehreren italienischen Autoren behauptet worden, daß einige Anhänger Marconi's eine geheime Basis im südamerikanischen Dschungel (angeblich in einem Vulkankrater im südlichen Venezuela) gebaut haben und es wird sogar behauptet, daß die Gruppe einen Trip zum Mars in einem von Marconi entworfenen Raumschiff unternommen hat und dies von Venezuela aus gestartet ist!

Anti-Gravitation war die Modeerscheinung in den 20ern und 30ern, die Welt war aber damals einfach noch nicht reif dafür. Vielleicht ist die Zeit jetzt schließlich gekommen....

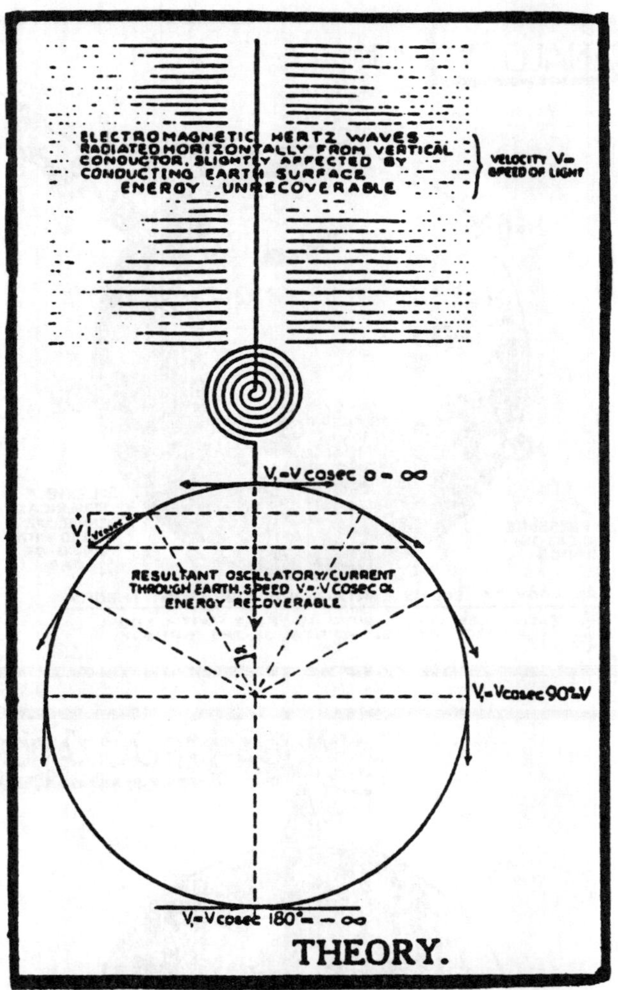

Hier wird Tesla's weltweites Übertragungssystem für elektrische Signale dargestellt. Diese Zeichnung stammt von einem Artikel aus dem Jahre 1929 und zeigt die “Theorie, Analogie und Realisation. Tesla's Experiment mit über 30 Meter großen Entladungen bei einem Potential von mehreren Millionen Volt haben gezeigt, daß die wiedererlangbaren Grundwellen von Tesla sich durch die Erde bewegen. Radioingenieure beginnen allmählich den Umfang und die Gesetze Tesla's, die er vor einem Viertel Jahrhundert niedergeschrieben hatte, als real und mit wahrhaftiger Basis der heutigen drahtlosen Übertragung zu erkennen.”

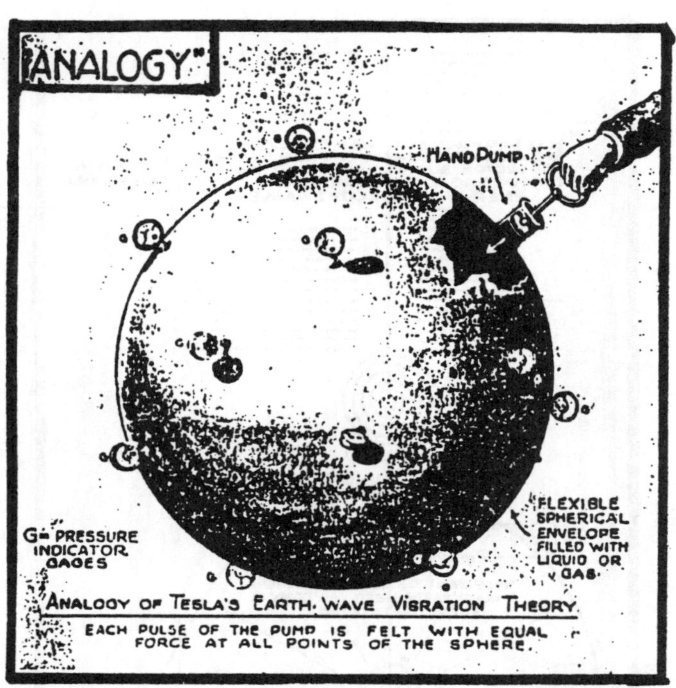
"ANALOGY"
HAND PUMP
G= PRESSURE INDICATOR GAGES
FLEXIBLE SPHERICAL ENVELOPE FILLED WITH LIQUID OR GAS
ANALOGY OF TESLA'S EARTH-WAVE VIBRATION THEORY.
EACH PULSE OF THE PUMP IS FELT WITH EQUAL FORCE AT ALL POINTS OF THE SPHERE.

"REALIZATION
THE WIRELESS LIGHT: PLACE A WIRE IN THE GROUND: THAT IS ALL
TESLA'S WIRELESS POWER FOR PROPELLING SHIPS AND AEROPLANES.
TESLA'S WIRELESS TRANSMISSION THEORY.
THE OSCILLATING ENERGY SURGES THRU THE EARTH TO EVERY POINT ON THE GLOBE. THUS ELECTRIC LIGHT, HEAT AND POWER CAN BE DRAWN AT ANY POINT OF THE EARTH FROM A UNIVERSAL CENTRAL STATION.

1.
2
VIEW OF THE SHELL CRATER
3
DOWN COMES THE
FROM THE SKY.
5.
MEN
MAKE FAST
TEMPORARY
STAYS
TIME.
6.

Der Luft-Ozean- Weltturmplan von 1927 zeigt 10-stöckige 4D-Häuser, die Fuller manchmal "schreitende Steine, Weltluftfahrtlinien-Wartungsmannschaften-Umweltkontrollen" nannte, sie verteilten sich über die ganze Welt an Plätzen, wo in der Natur die feindlichsten Bedingungen vorherrschten. Installationspunkte, die für die Menschheit 1927 unerreichbar waren, einschließlich dem arktischen Kreis, der Küste Alaskas, Grönland, die sibirische Küste, die zentrale Sahara-Wüste und der obere Amazonas. Große kreis-

förmige Luftrouten, die im Jahre 1927 scheinbar von solchen Wartungsstationen abhängig waren, waren notwendig um die Bevölkerungszentren der Welt miteinander zu verbinden. Diese Zeichnung mit den großen kreisförmigen Luftfahrtrouten wurde fünf Jahre vor allen anderen Karten hergestellt. In Fuller's originaler Einleitung von 1927 steht folgendes:

26% der irdischen Oberfläche ist trockenes Land. 85% von allem trockenen Land befindet sich oberhalb des Äquators. Die gesamte menschliche Familie könnte auf den Bermudas stehen. Wenn alle in England zusammenkommen würden, dann hätte jeder über 850 Quadratmeter Platz. "Vereinigt sind wir stark, getrennt sind wir schwach" ist geistig und spirituell korrekt aber körperlich oder materiell trügerisch. In 80 Jahren werden zwei Milliarden neue Häuser erfoderlich sein.

Durchführbarkeitstudien zeigen, daß es möglich war, die Umwelt in unerreichbaren Gegenden zu kontrollieren und dies gab Fuller das, was er eine "technische Genehmigung" nannte, eine Welt vorauszusagen, die durch Luftkommunikation integriert wäre und von da an "eine-Stadt-Welt" wäre. Die Strukturen zur "Kontrolle der Umwelt" sind nie gebaut worden. Für die Airlines dauerte es Jahre, bis sie die Reichweite der Flugzeuge soweit vervielfachen konnten, daß sie zu den "unerreichbaren Gegenden springen konnten," um letztendlich weltintegrierende Potentiale zu etablieren. Trotzdem gab die Entwicklung des Luft-Ozean-Weltturmplanes Fuller das, was er als ein-Generationen-Vorteil bezeichnete, mit der Voraussage einer integrierten Welt im Kontrast zu der traditionellen "aus der Ferne geteilten Welt."

Anti-Gravitations Patente zum Spaß & Profit

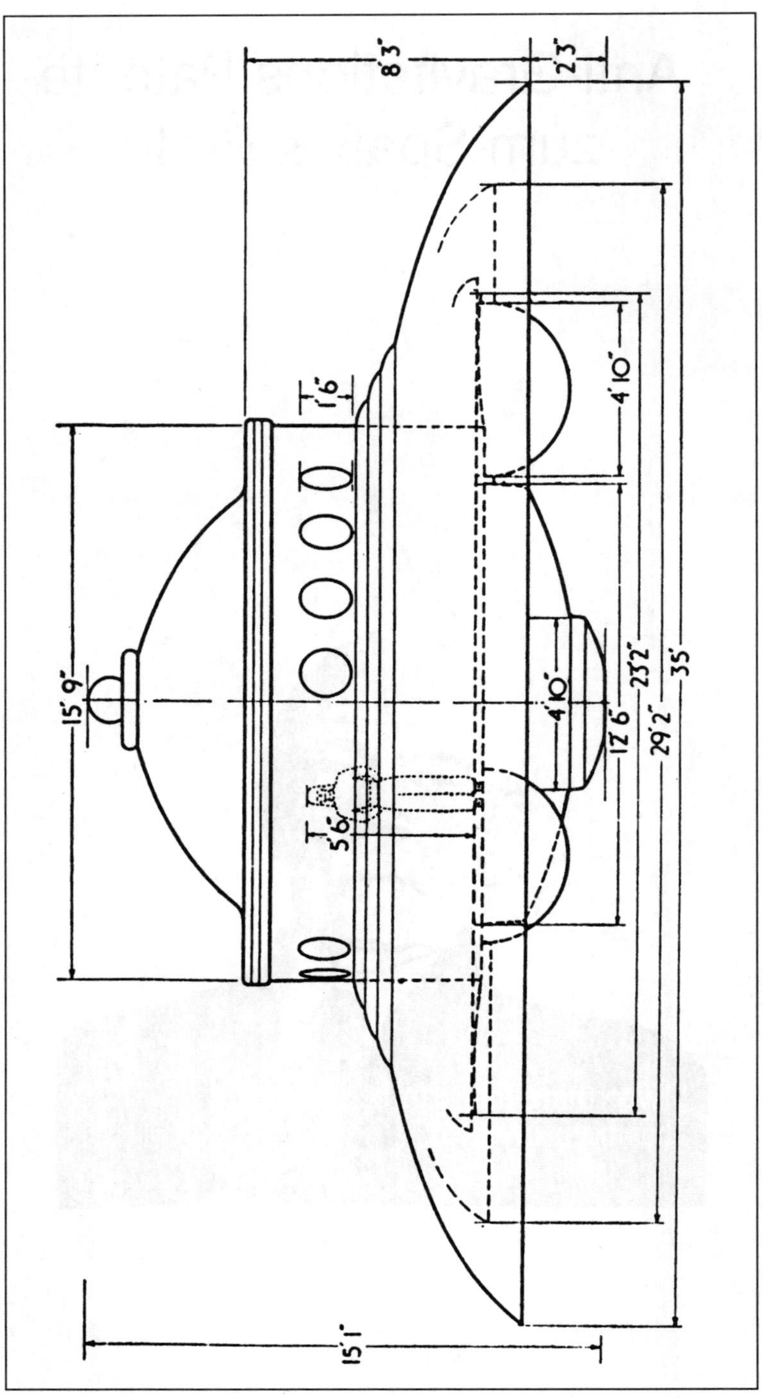
8'3"
2'3"
1'6"
15'9"
4'10"
4'10"
23'2"
35'
12'6"
29'2"
5'6"
15'1"

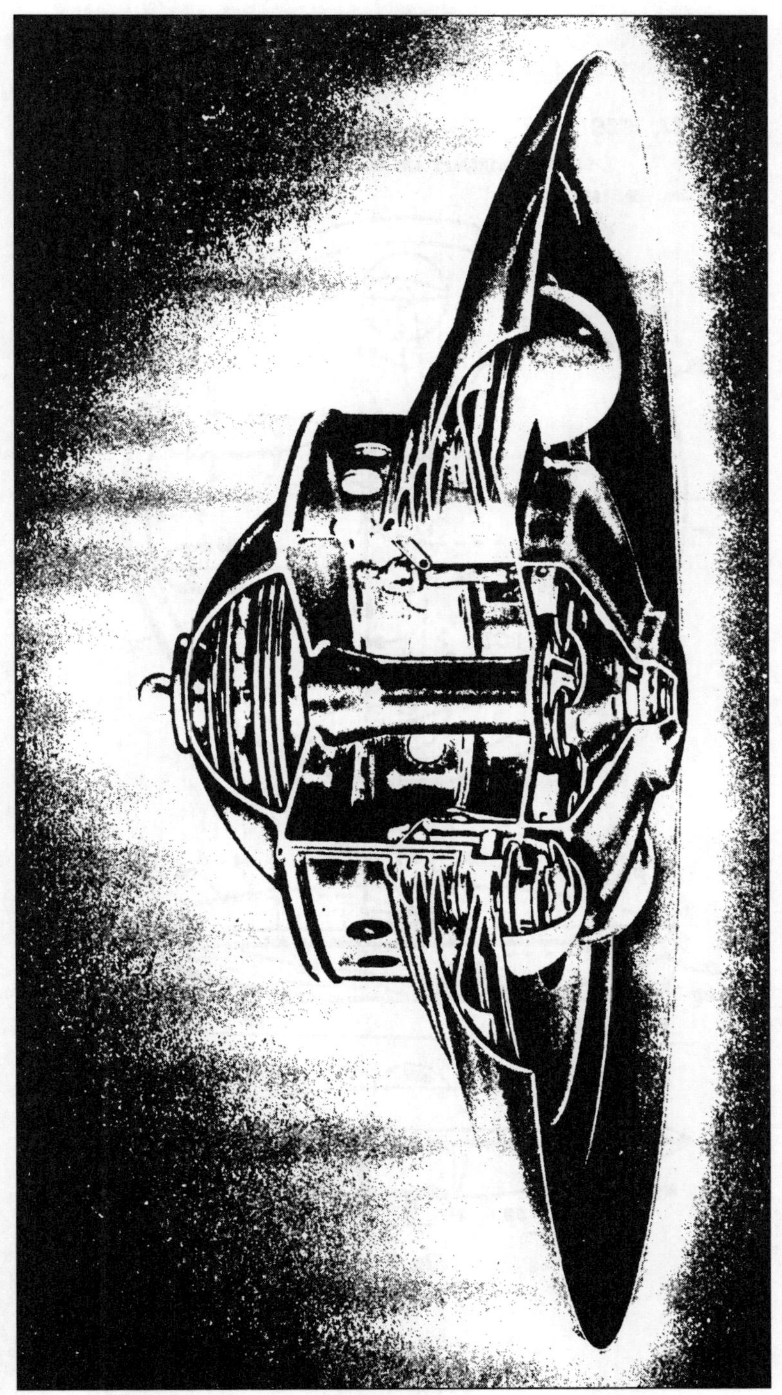

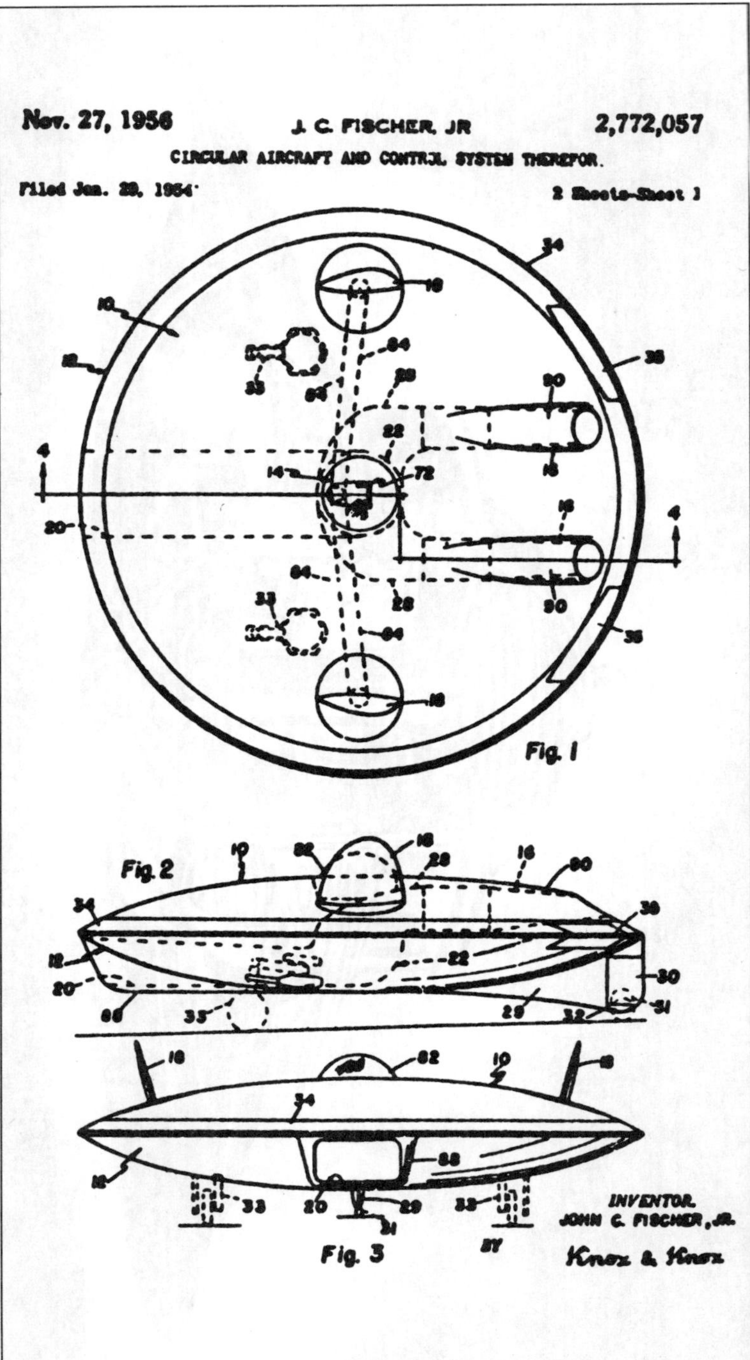
Nov. 27, 1956
J. C. FISCHER, JR
2,772,057
CIRCULAR AIRCRAFT AND CONTROL SYSTEM THEREFOR.
Filed Jan. 29, 1954
2 Sheets-Sheet 1
Fig. 1
Fig. 2
Fig. 3
INVENTOR.
JOHN C. FISCHER, JR.
BY
Knox & Knox

March 10, 1959 H. F STREIB 2,876,965

CIRCULAR WING AIRCRAFT WITH UNIVERSALLY TILTABLE DUCTED POWER PLANT

Filed July 23, 1956 2 Sheets-Sheet 1

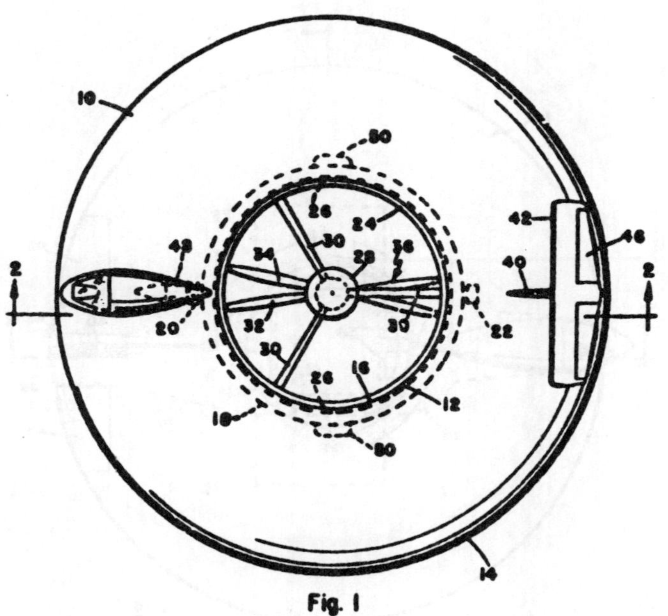

Fig. 1

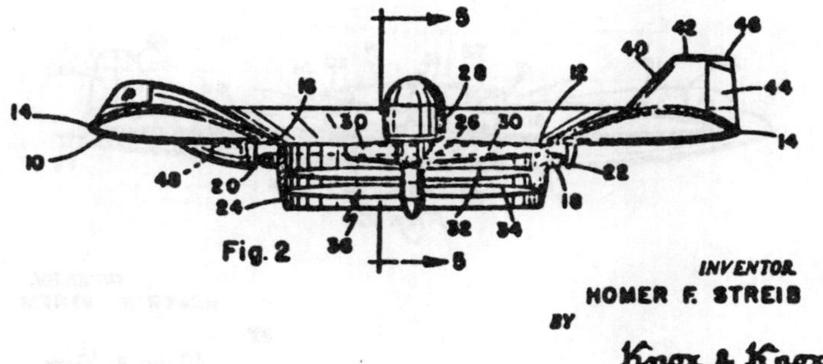

Fig. 2

INVENTOR
HOMER F. STREIB
BY
Knox & Knox

March 10, 1959 H. F. STREIB 2,876,964

CIRCULAR WING AIRCRAFT

Filed July 22, 1953 3 Sheets-Sheet 1

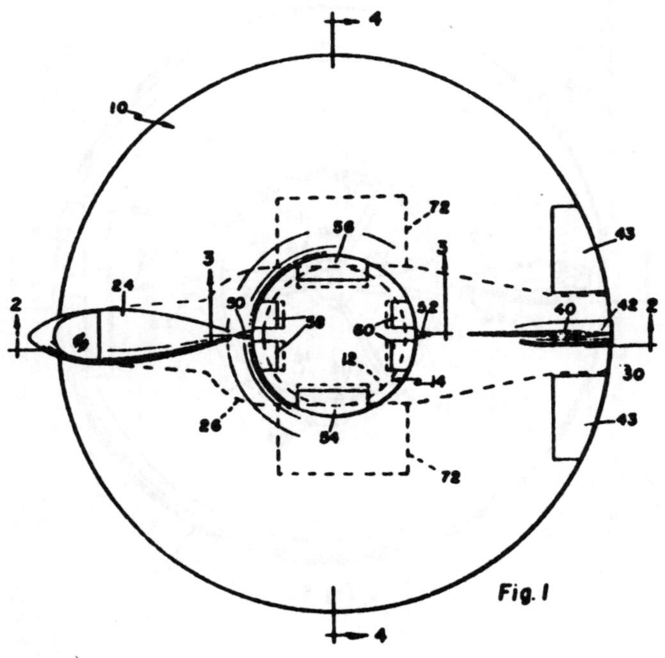

Fig. 1

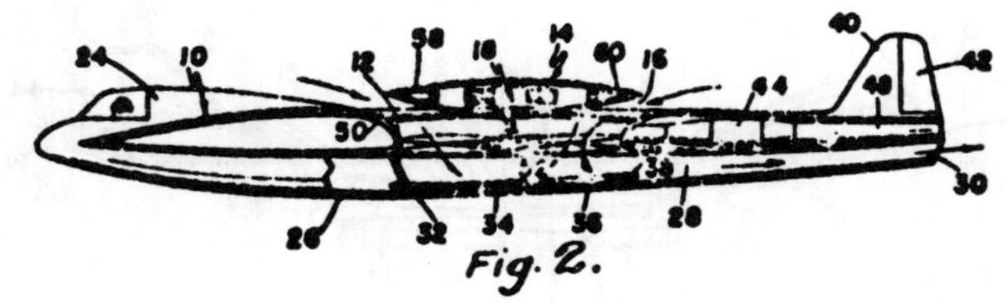

Fig. 2.

INVENTOR.
HOMER F. STREIB

BY

Knox & Knox

AGENTS FOR APPLICANT

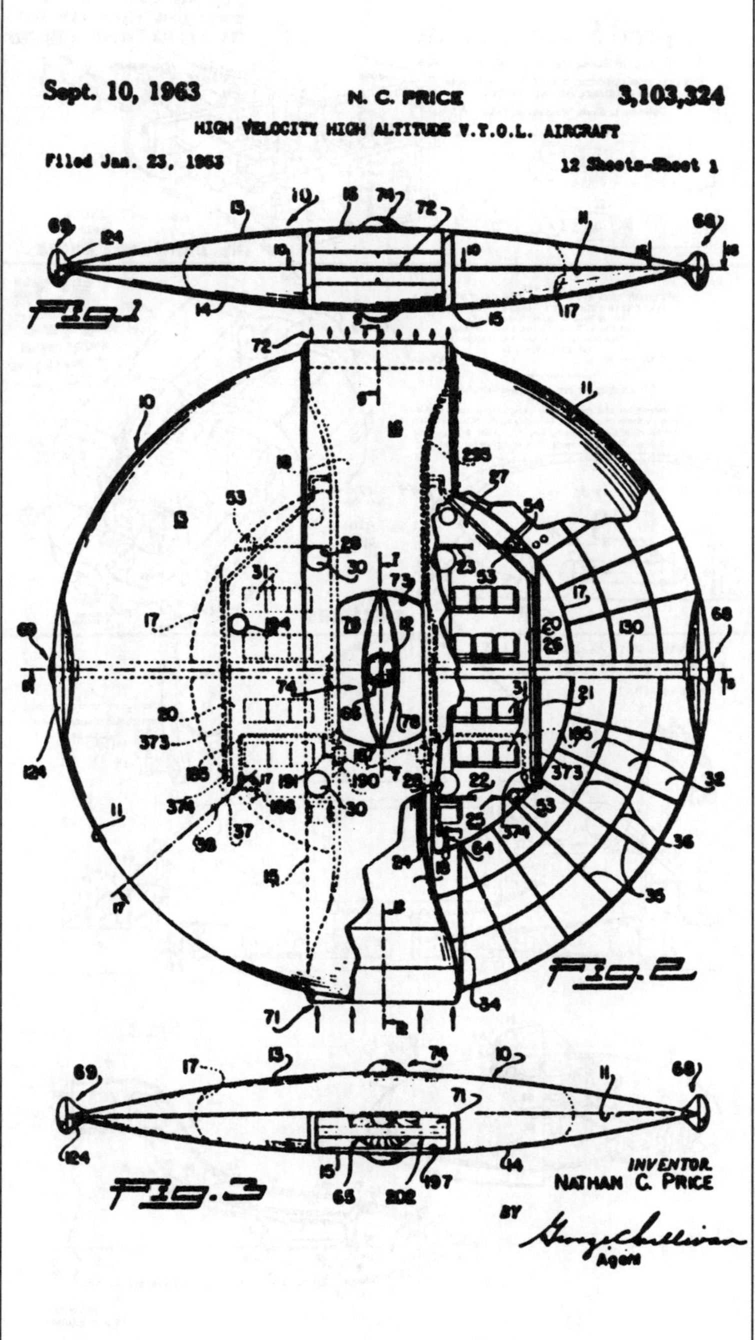
Sept. 10, 1963
N. C. PRICE
3,103,324
HIGH VELOCITY HIGH ALTITUDE V.T.O.L. AIRCRAFT
Filed Jan. 23, 1963
12 Sheets-Sheet 1
Fig. 1
Fig. 2
Fig. 3
INVENTOR
NATHAN C. PRICE
BY
Agent

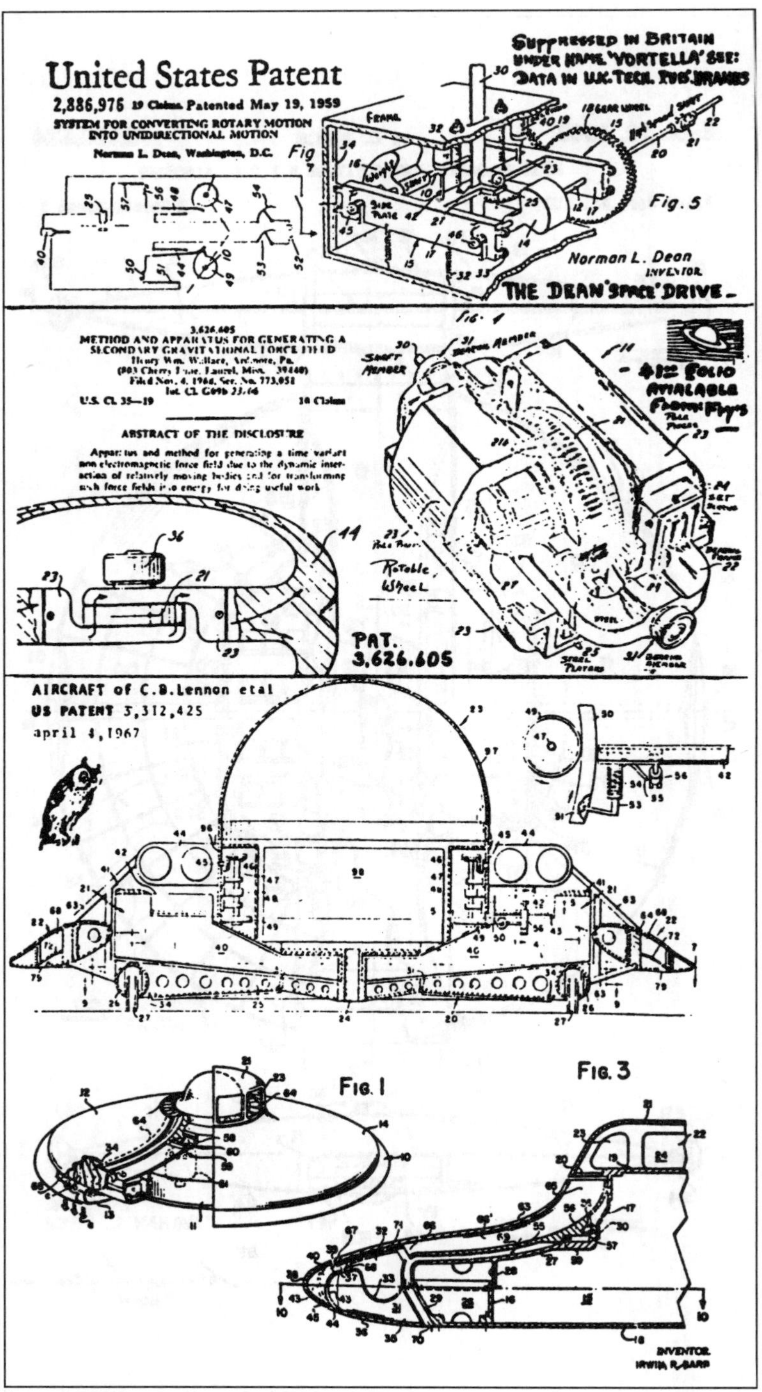

SUPPRESSED IN BRITAIN UNDER NAME 'VORTELLA' SEE: DATA IN U.K. TECH. PUB. BRANCH
United States Patent
2,886,976 19 Claims. Patented May 19, 1959
SYSTEM FOR CONVERTING ROTARY MOTION INTO UNIDIRECTIONAL MOTION
Norman L. Dean, Washington, D.C.
Fig. 5
Norman L. Dean
INVENTOR
THE DEAN 'SPACE' DRIVE
3,626,605
METHOD AND APPARATUS FOR GENERATING A SECONDARY GRAVITATIONAL FORCE FIELD
U.S. Cl. 35—19
ABSTRACT OF THE DISCLOSURE
Rotable Wheel
PAT. 3,626,605
AIRCRAFT of C.B.Lennon etal
US PATENT 3,312,425
april 4,1967
FIG. 1
FIG. 3
INVENTOR

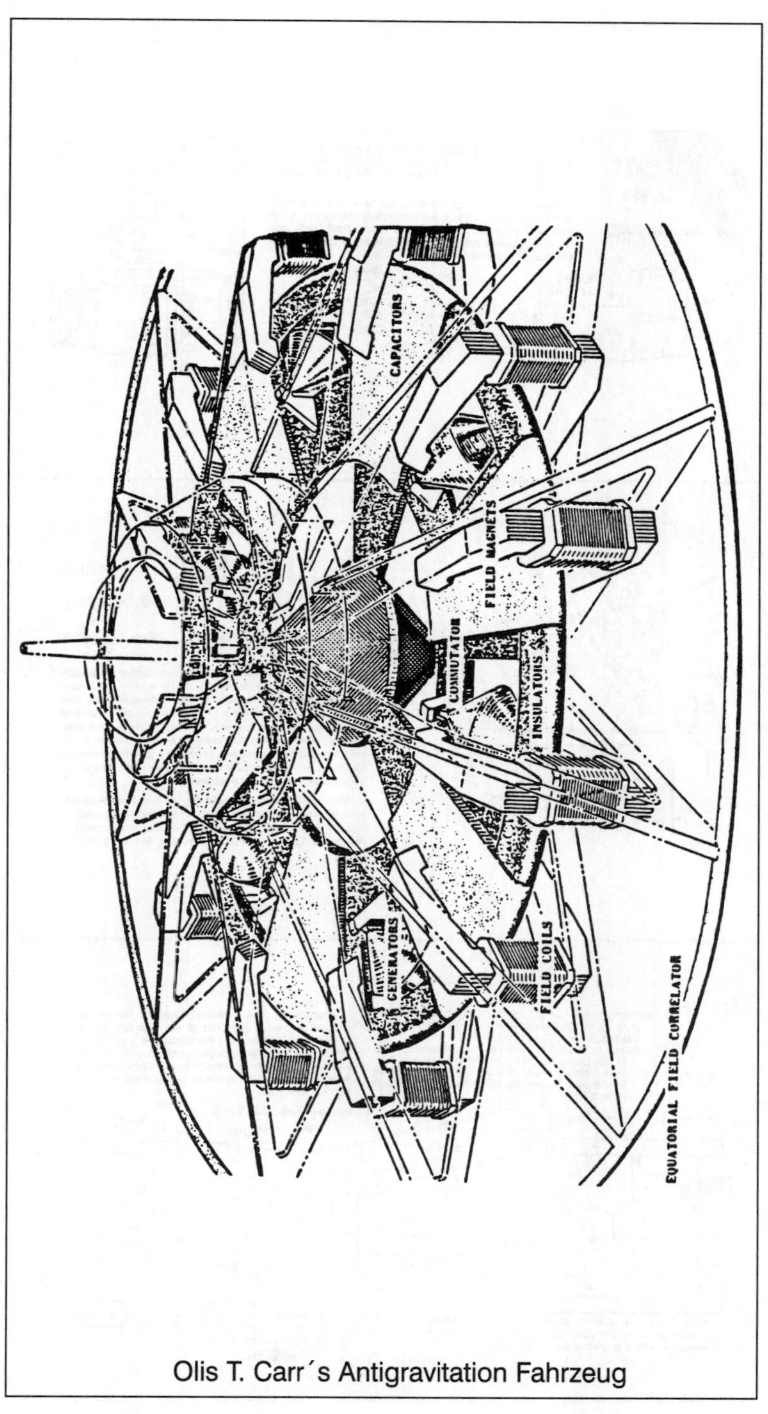

Olis T. Carr´s Antigravitation Fahrzeug

ELECTROKINETIC TRANSDUCER

Thomas Townsend Brown, Umatilla, Fla., assignor to Whitehall-Rand, Inc., Washington, D.C., a corporation of Delaware

Accordingly, it is an object of this invention to provide a method and apparatus for converting the energy of an electrical potential directly into a mechanical force suitable for causing relative motion between a structure and the surrounding medium.

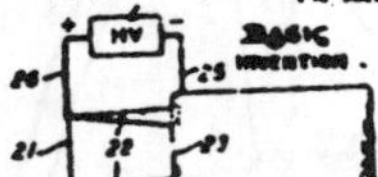

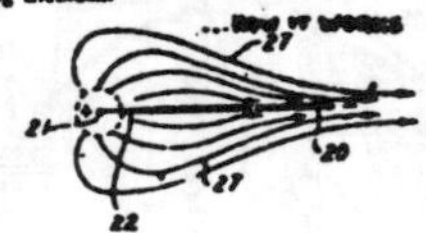

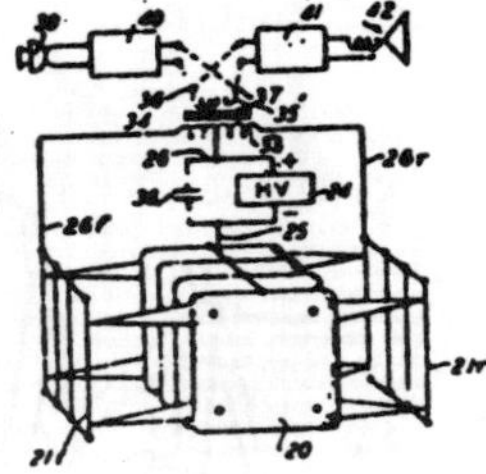

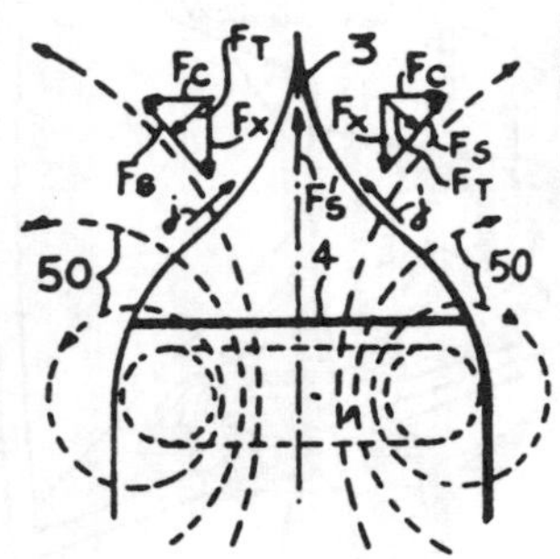

ELECTROMAGNETIC PROPULSION DEVICE FOR USE IN THE FORWARD PART OF A MOVING BODY

Patent

3,662,554

May 16, 1972

Inventor:

Axel De Broqueville, Transleen 478, Sterrebeek, Belgium

The present invention relates to an electromagnetic propulsion device intended to be used in the forward part of a moving body and which creates in the surrounding flow medium, or fluid (such as air or water) an electromagnetic force field accelerating the fluid backward and expanding it aside from the body. Overpressure generated by the body motion in the fluid is reduced or suppressed. In case of a supersonic motion, the shock wave generated by that overpressure in front of the body can be minimized or suppressed.

Other similar electromagnetic devices have been studied in view of their application to re-entry-manœuvers of satellites into planetary atmospheres, but they are not propulsion devices; on the contrary they increase drag and shock wave intensity.

Patent

3,495,791

METHOD OF AND APPARATUS FOR EFFECTING ELECTRO-MECHANICAL ENERGY INTERCHANGE IN A SPACE VEHICLE

Sidney D. Drell, 570 Alvarado Row, Stanford, Calif. 94305; Henry M. Foley, 460 Riverside Drive, New York 10027; and Malvin A. Ruderman, 29 Washington Square W., New York 10011, both of New York

Accordingly, it is a general object of the present invention to provide a method of and apparatus for effecting an electro-mechanical interchange in a moving space vehicle so that, for example, propulsion of the vehicle can be effected to overcome the mentioned drag forces without the attendant necessity for carrying conventional fuel for such purpose.

Patented Feb. 17, 1970

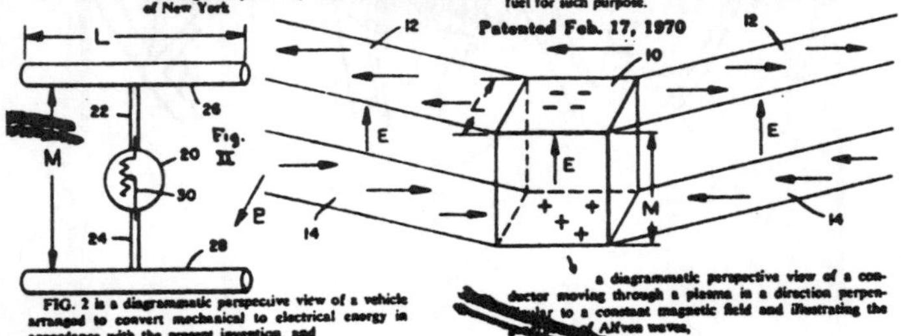

FIG. 2 is a diagrammatic perspective view of a vehicle arranged to convert mechanical to electrical energy in accordance with the present invention, and

a diagrammatic perspective view of a conductor moving through a plasma in a direction perpendicular to a constant magnetic field and illustrating the ... of Alfven waves,

Patent 3,106,058 **Patented Oct. 8, 1963**

PROPULSION SYSTEM

3,106,058
PROPULSION SYSTEM
Warren A. Rice, Dexter, Mich., assignor of one-half to Carl E. Grebe, Midland, Mich.
Original application July 18, 1958, Ser. No. 749,547, now Patent No. 2,997,013, dated Aug. 22, 1961. Divided

This instant drive or propulsion system is applicable to all vessels, such as ships, submarines, torpedoes, and the like traveling in salt water. Insofar as can be experimentally shown the device also has utility as a space drive system for imparting thrust to a vessel traveling in an ionic atmosphere, for example, space.

It has long been known that when an electrical current is passed through a magnetic field that a thrust is accomplished which obeys the "Left Hand Rule" and which is of a magnitude directly proportional to the magnetic field strength and the current density.

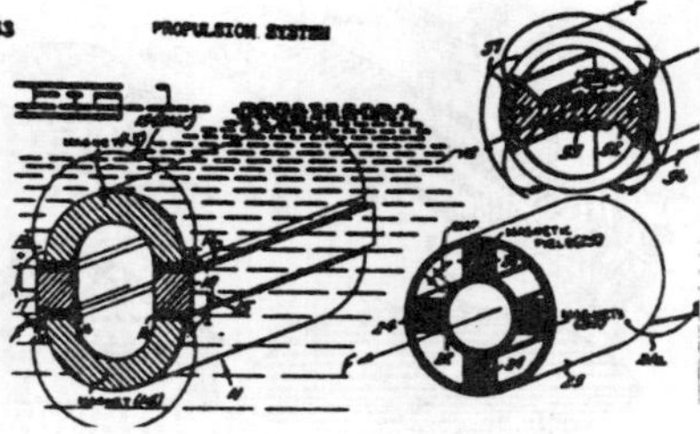

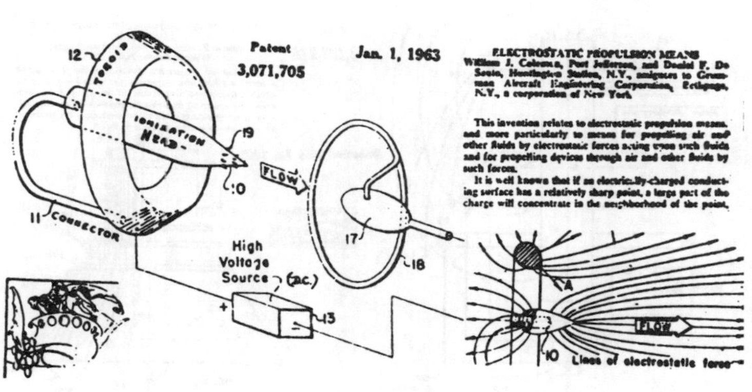

Patent
3,071,705
Jan. 1, 1963

ELECTROSTATIC PROPULSION MEANS
William J. Coleman, Port Jefferson, and Daniel F. De Souto, Huntington Station, N.Y., assignors to Grumman Aircraft Engineering Corporation, Bethpage, N.Y., a corporation of New York

This invention relates to electrostatic propulsion means, and more particularly to means for propelling air and other fluids by electrostatic forces acting upon such fluids and for propelling devices through air and other fluids by such forces.

It is well known that if an electrically-charged conducting surface has a relatively sharp point, a large part of the charge will concentrate in the neighborhood of the point,

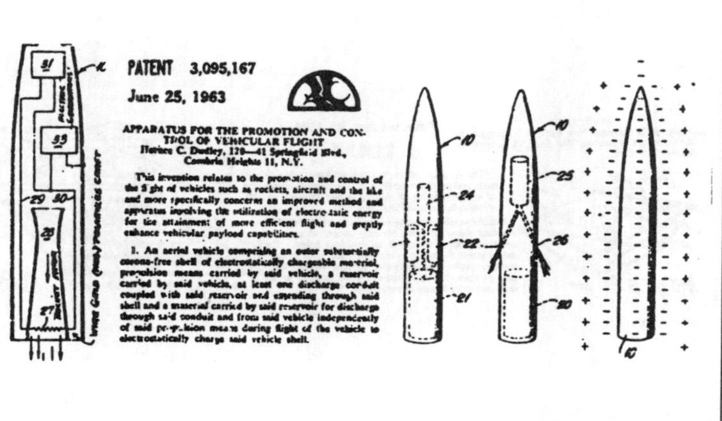

PATENT 3,095,167
June 25, 1963

APPARATUS FOR THE PROMOTION AND CONTROL OF VEHICULAR FLIGHT
Horace C. Dudley, 120—41 Springfield Blvd., Cambria Heights 11, N.Y.

This invention relates to the promotion and control of the flight of vehicles such as rockets, aircraft and the like and more specifically concerns an improved method and apparatus involving the utilization of electrostatic energy for the attainment of more efficient flight and greatly enhance vehicular payload capabilities.

1. An aerial vehicle comprising an outer substantially corona-free shell of electrostatically chargeable material, propulsion means carried by said vehicle, a reservoir carried by said vehicle, at least one discharge conduit coupled with said reservoir and extending through said shell and a material carried by said reservoir for discharge through said conduit and from said vehicle independently of said propulsion means during flight of the vehicle to electrostatically charge said vehicle shell.

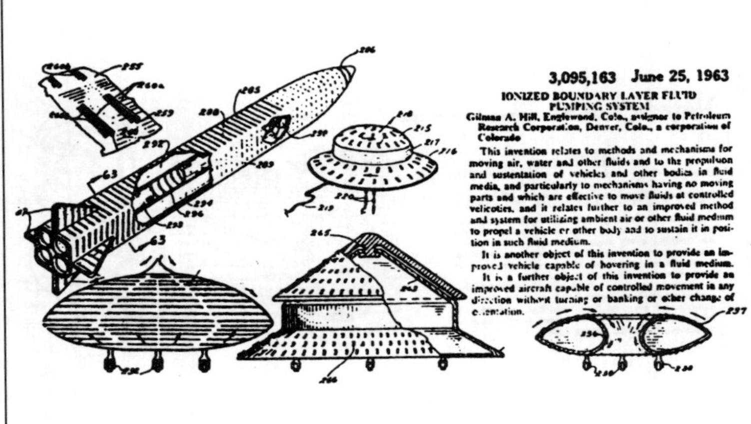

3,095,163 June 25, 1963

IONIZED BOUNDARY LAYER FLUID PUMPING SYSTEM

Gilman A. Hill, Englewood, Colo., assignor to Petroleum Research Corporation, Denver, Colo., a corporation of Colorado

This invention relates to methods and mechanisms for moving air, water and other fluids and to the propulsion and sustentation of vehicles and other bodies in fluid media, and particularly to mechanisms having no moving parts and which are effective to move fluids at controlled velocities, and it relates further to an improved method and system for utilizing ambient air or other fluid medium to propel a vehicle or other body and to sustain it in position in such fluid medium.

It is another object of this invention to provide an improved vehicle capable of hovering in a fluid medium.

It is a further object of this invention to provide an improved aircraft capable of controlled movement in any direction without turning or banking or other change of orientation.

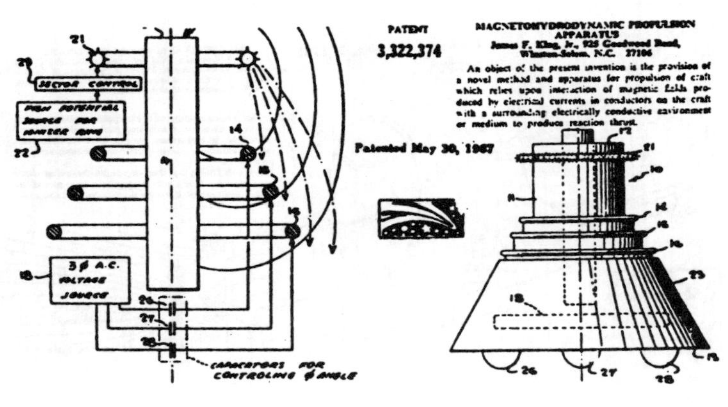

PATENT 3,322,374

Patented May 30, 1967

MAGNETOHYDRODYNAMIC PROPULSION APPARATUS

James F. King, Jr., 925 Goodwood Road, Winston-Salem, N.C. 27106

An object of the present invention is the provision of a novel method and apparatus for propulsion of craft which relies upon interaction of magnetic fields produced by electrical currents in conductors on the craft with a surrounding electrically conductive environment or medium to produce reaction thrust.

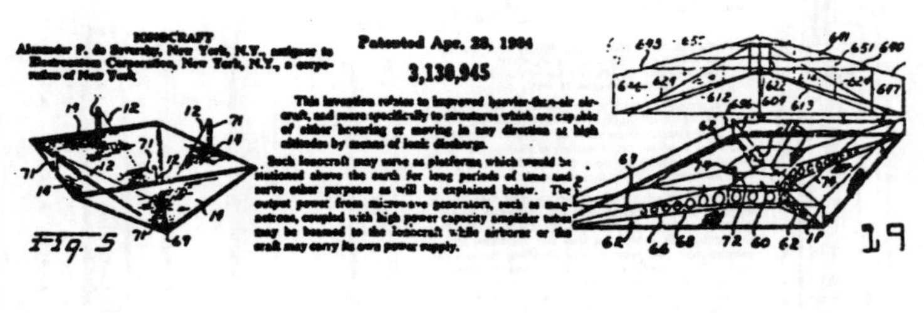

IONOCRAFT

Alexander P. de Seversky, New York, N.Y., assignor to Electronatom Corporation, New York, N.Y., a corporation of New York

Patented Apr. 28, 1964

3,130,945

This invention relates to improved heavier-than-air aircraft, and more specifically to structures which are capable of either hovering or moving in any direction at high altitudes by means of ionic discharge.

Such Ionocraft may serve as platforms which would be stationed above the earth for long periods of time and serve other purposes as will be explained below. The output power from microwave generators, such as magnetrons, coupled with high power capacity amplifier tubes may be beamed to the Ionocraft while airborne or the craft may carry its own power supply.

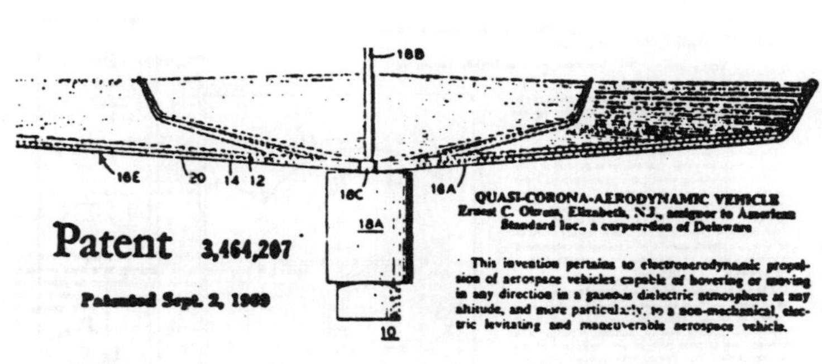

Patent 3,464,207

Patented Sept. 2, 1969

QUASI-CORONA-AERODYNAMIC VEHICLE
Ernest C. Okress, Elizabeth, N.J., assignor to American Standard Inc., a corporation of Delaware

This invention pertains to electroaerodynamic propulsion of aerospace vehicles capable of hovering or moving in any direction in a gaseous dielectric atmosphere at any altitude, and more particularly, to a non-mechanical, electric levitating and maneuverable aerospace vehicle.

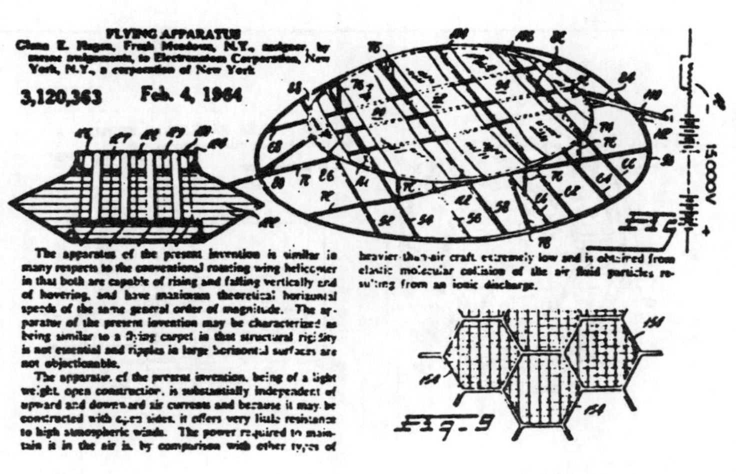

FLYING APPARATUS
Glenn E. Hagen, Fresh Meadows, N.Y., assignor, by mesne assignments, to Electronatom Corporation, New York, N.Y., a corporation of New York

3,120,363 Feb. 4, 1964

The apparatus of the present invention is similar in many respects to the conventional rotating wing helicopter in that both are capable of rising and falling vertically and of hovering, and have maximum theoretical horizontal speeds of the same general order of magnitude. The apparatus of the present invention may be characterized as being similar to a flying carpet in that structural rigidity is not essential and ripples in large horizontal surfaces are not objectionable.

The apparatus of the present invention, being of a light weight, open construction, is substantially independent of upward and downward air currents and because it may be constructed with open sides, it offers very little resistance to high atmospheric winds. The power required to maintain it in the air is, by comparison with other types of heavier-than-air craft, extremely low and is obtained from elastic molecular collision of the air fluid particles resulting from an ionic discharge.

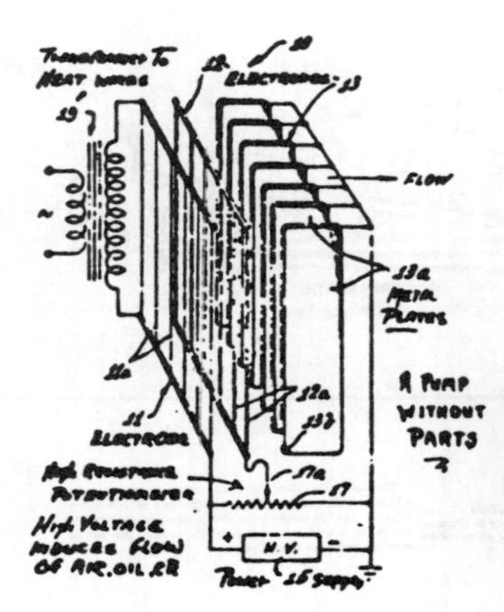

United States Patent

3,518,462 June 30, 1970

T. T. BROWN

FLUID FLOW CONTROL SYSTEM

It has been heretofore proposed that electrohydrodynamic phenomena and electrophoresis be harnessed to convert electrical energy directly into fluid flow without the aid of moving parts. Typical examples of structural arrangements suitable for this purpose are disclosed in the present applicant's prior U.S. Pats. Nos. 2,949,550 and 3,018 394

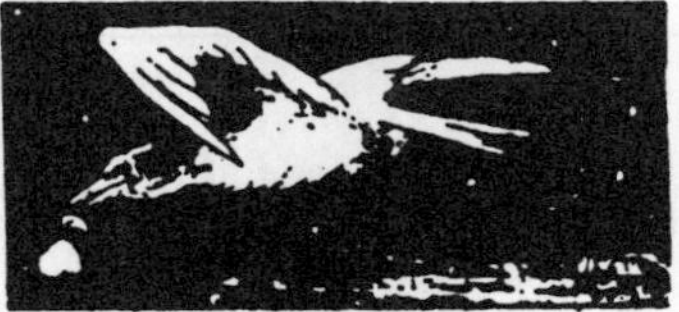

Patent 3,807,244

Apr. 30, 1974

DEVICE FOR TRANSFORMING KINETIC ENERGY

Inventor **Fernand Estrade**, Tananarive, France

The device according to the present invention can be used for laboratory work as well as for driving any moveable bodies such as road or rail vehicles, or aircraft and spacecraft.

The device can also be used as a scientific toy.

The present invention thus relates in general to a device for transforming kinetic energy comprising a motor, characterised in that the motor drives the moveable bodies along a predetermined non-circular trajectory to create a thrust which drives the device.

According to another characteristic feature of the invention, the device consists of a rotatable component, driven by a motor which rotates the flyweights describing a non-circular trajectory.

The heavy moveable bodies are grouped two by two as an integral part of a non-extendable component rotated by motor. This component can slide freely with respect to the axis of rotation. A deflector is provided on at least part of the trajectory of the moving bodies and comes into contact with the moving bodies during their movement, and transforms the kinetic energy of the moving bodies into a driving thrust.

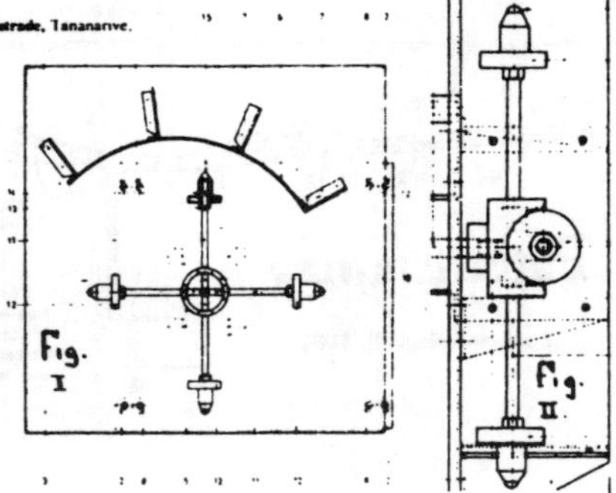

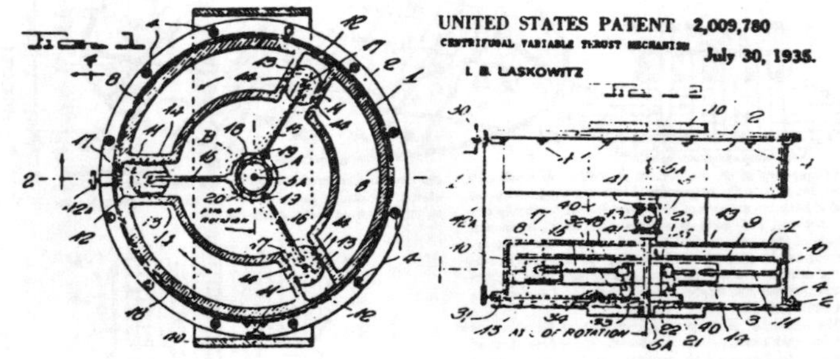

PATENT 2,088,115 **July 27, 1937**

This invention relates to motors and propulsion devices, and it has reference, more particularly, to what may be termed "reaction motors" of that kind wherein energy from a prime mover, such as an electric motor, is pulsatively applied to an eccentrically and rotatively mounted weight, in a manner whereby the centrifugal forces that are incidentally set up in the rotating weight may be expended and utilized as a propulsion force for the vehicle with which the motor is utilized.

It is the principal object of this invention to provide a machine, or motor, of the above stated kind that may be utilized as a propulsion device for various types of vehicles and which is

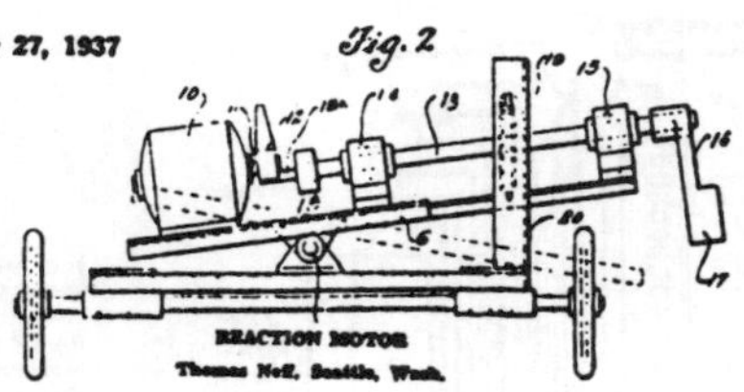

Patent

3,555,915

Patented Jan. 19, 1971

DIRECTIONAL FORCE GENERATOR

Hervey W. Young, Jr., Arvada, Colo., assignor to Cannon Aeronautical Center, Cheyenne, Wyo., a corporation of Wyoming

This invention relates to a directional force generator which may be embodied in a vehicle such as a wheeled vehicle, boat, or aircraft, for the purpose of moving the vehicle in a predetermined direction without the use of other propelling or lifting means.

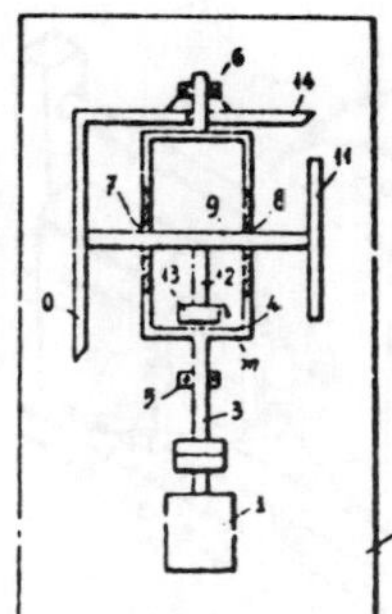

United States Patent 3,404,854

APPARATUS FOR IMPARTING MOTION TO A BODY — Patented Oct. 8, 1968

Alfio di Bella, Via Montallegro 1, Genoa, Italy
Continuation-in-part of application Ser. No. 524 365,

the apparatus may be mounted in or on a water vessel, i.e., a boat or a ship, and the operation of the apparatus will impart a net translational motion to the water vessel, moving it through the water. Furthermore, the apparatus may be attached to lighter-then-air vehicles and the operation of the apparatus will impart a net translational motion to the lighter-than-air vehicle, moving it through the air. Typically, the lighter-than-air vehicle is a lightweight shell, balloon or bag filled with hydrogen gas or helium gas. Commonly known lighter-than-air vehicles which may be propelled by means of the apparatus and method of the invention are blimps, dirigibles and balloons.

This application is a continuation-in-part of application Ser. No. 389.375, filed Aug. 13, 1964 and of my application 524,365 filed Dec. 23, 1965, now both abandoned.

This invention relates to apparatus for imparting motion in a preselected direction to a body.

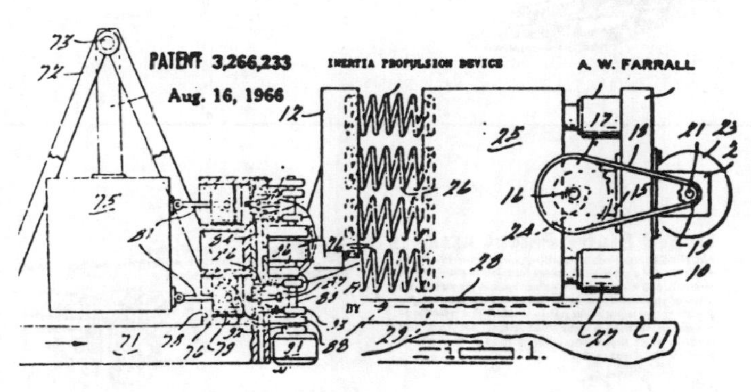

PATENT 3,266,233 INERTIA PROPULSION DEVICE A. W. FARRALL

Aug. 16, 1966

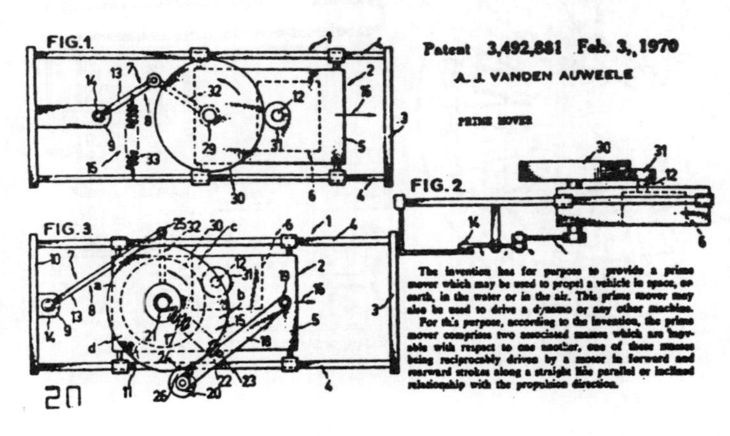

Patent 3,492,881 Feb. 3, 1970

A. J. VANDEN AUWEELE

PRIME MOVER

The invention has for purpose to provide a prime mover which may be used to propel a vehicle in space, on earth, in the water or in the air. This prime mover may also be used to drive a dynamo or any other machine.

For this purpose, according to the invention, the prime mover comprises two associated masses which are movable with respect to one another, one of these masses being reciprocably driven by a motor in forward and rearward strokes along a straight line parallel or inclined relationship with the propulsion direction.

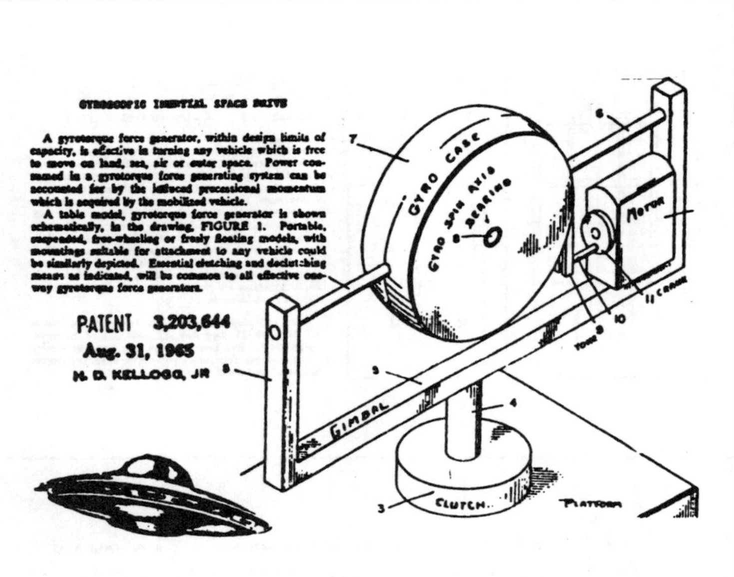

GYROSCOPIC INERTIAL SPACE DRIVE

A gyrotorque force generator, within design limits of capacity, is effective in turning any vehicle which is free to move on land, sea, air or outer space. Power consumed in a gyrotorque force generating system can be accounted for by the induced precessional momentum which is acquired by the mobilized vehicle.

A table model, gyrotorque force generator is shown schematically, in the drawing, FIGURE 1. Portable, suspended, free-wheeling or freely floating models, with mountings suitable for attachment to any vehicle could be similarly depicted. Essential clutching and declutching means as indicated, will be common to all effective one-way gyrotorque force generators.

PATENT 3,203,644
Aug. 31, 1965
H. D. KELLOGG, JR

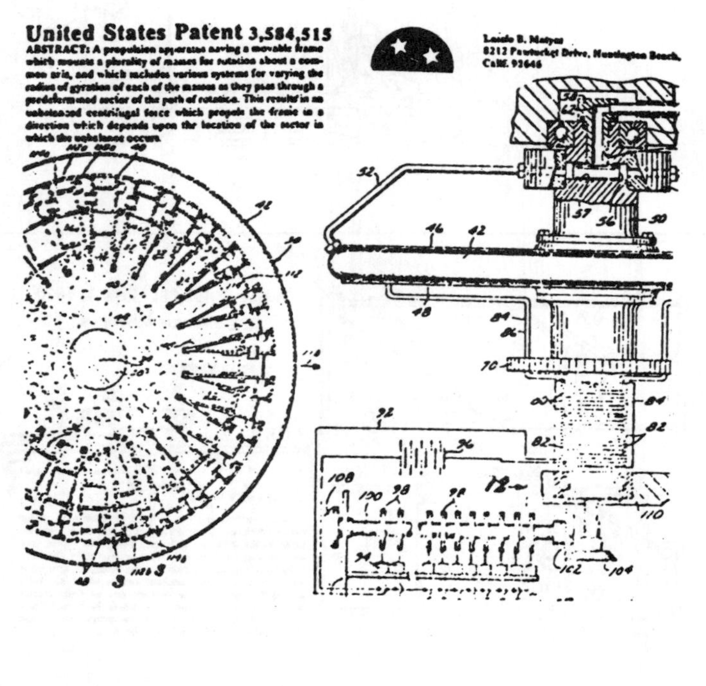

United States Patent 3,584,515

ABSTRACT: A propulsion apparatus having a movable frame which mounts a plurality of masses for rotation about a common axis, and which includes various systems for varying the radius of gyration of each of the masses as they pass through a predetermined sector of the path of rotation. This results in an unbalanced centrifugal force which propels the frame in a direction which depends upon the location of the sector in which the unbalance occurs.

Laszlo B. Matyas
8212 Pawtucket Drive, Huntington Beach, Calif. 92646

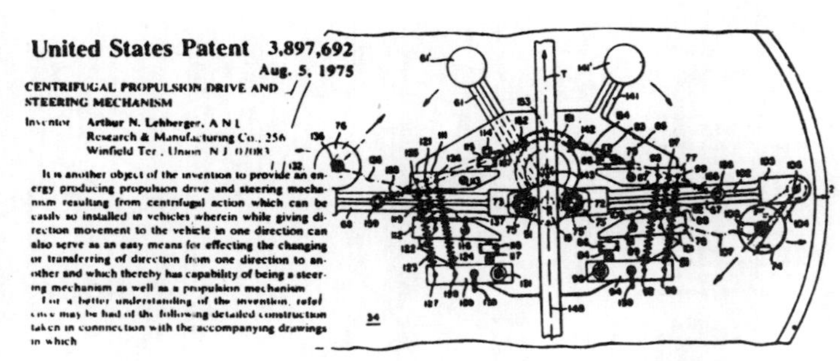

United States Patent 3,897,692

Aug. 5, 1975

CENTRIFUGAL PROPULSION DRIVE AND STEERING MECHANISM

Inventor Arthur N. Lehberger, A N L Research & Manufacturing Co., 256 Winfield Ter., Union N J 07083

It is another object of the invention to provide an energy producing propulsion drive and steering mechanism resulting from centrifugal action which can be easily so installed in vehicles wherein while giving direction movement to the vehicle in one direction can also serve as an easy means for effecting the changing or transferring of direction from one direction to another and which thereby has capability of being a steering mechanism as well as a propulsion mechanism.

For a better understanding of the invention, reference may be had of the following detailed construction taken in connnection with the accompanying drawings in which

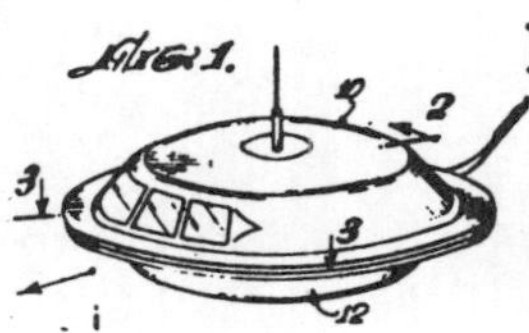

Patent 3,530,617 Sept. 29, 1970

E. M. HALVORSON ET AL

VIBRATION DRIVEN VEHICLE

This invention relates to a vibration driven vehicle which moves upon a flat surface in the horizontal direction without any visible propelling means. More particularly, this invention relates to a vehicle having therein a rotating imbalance mounted on a spring member which transforms the vibratory forces generated by the rotating imbalance into a propulsive force.

DIRECT PUSH PROPULSION UNIT

Juan D. Mendes Llamosas, Caracas, Venezuela

In accordance with the present invention, the reaction for propelling the vehicle is created not in an adjacent or surrounding medium but inside of the propulsion unit itself. For that reason, the apparatus is referred to as a "direct push" motor or propulsion unit, the propelling force being exerted without utilization of conventional means such as wheels, screws, paddles, propellers, etc., acting on an outside medium.

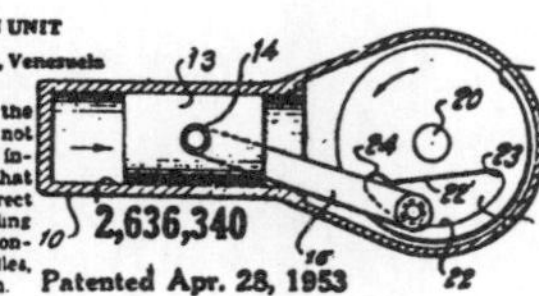

2,636,340

Patented Apr. 28, 1953

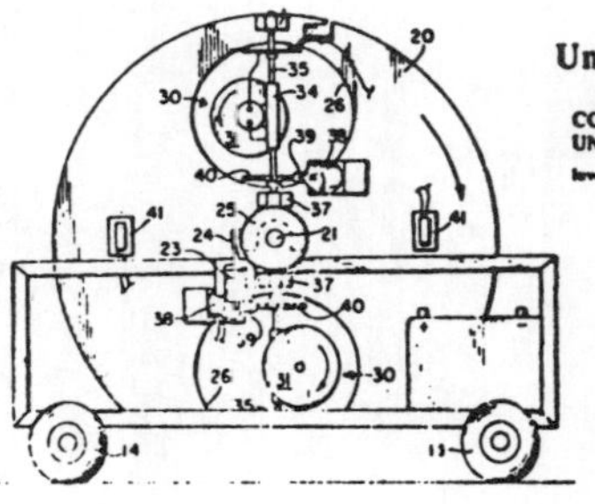

United States Patent 3.653.269

CONVERTING ROTARY MOTION INTO UNIDIRECTIONAL MOTION

Inventor: Richard E. Foster, 5342 Sycamore Street, Baton Rouge, La. 70805

Apr. 4, 1972

Various uses to which such systems may be put are indicated, for example, in U.S. Pat. No. 2,886,976 and *Popular Mechanics*, Volume 116, No. 3, p.p. 131 et. seq. (September 1961). Of particular interest is the application of these systems to vehicles (prime movers) which may carry a load from one place to another without need for external propulsion members such as drive wheels, propellers, jet engines, rockets, or the like. This invention provides systems in which a unidirectional thrust may be produced wholly within the confines of the vehicle and whereby, as a consequence, unidirectional motion of the vehicle is achieved.

Neue Perspektiven

Brian O´Leary

REISE ZU DEN INNEREN UND ÄUSSEREN WELTEN

Brian O´Leary ist Astronom, Physiker, Astronaut und NASA-Berater.
Seine Forschung zum Thema „Freie Energie" hat in den Vereinigten Staaten enormes Aufsehen verursacht.
Seine ersten Forschungsergebnisse wurden gekauft und verschwanden dann, ohne daß irgend jemand erfahren hat, was daraus geworden ist. Enttäuscht von der Reaktion der NASA ist Brian O´Leary dann seinen eigenen Weg gegangen. Eigene Forschungen und die Ergebnisse zahlreicher anderer Pioniere hat der „mutige Mann der NASA" zusammengetragen. Er hat Informationen und Baupläne gesammelt, hat sich Projekte angeschaut, die sich im Bau befanden, und hat funktionierende „Freie Energie Maschinen" besichtigt.
Große Unterstützung erhielt er von indischer Seite, die recht offen mit dem Thema „Freie Energie" umgehen. Bei uns erscheinen vorerst seine 3 wichtigsten Titel, einer im Herbst 97, der nächste im Frühjahr 98 und der dritte im Herbst 98.

DM 38,00
ISBN 3-89539-289-8

NEUE ENERGIEN

DAS FREIE ENERGIE HANDBUCH

EIN KOMPENDIUM VON PATENTEN UND INFORMATIONEN

In diesem bisher wohl einmaligen Werk findet der Leser eine Fülle von Informationen und Patenten zu den Themen: Freie Energie, Magnetmotoren, der Adams Motor, der Hans Coler Generator, Kalte Fusion, die „Superconductors", „N" Maschinen, Kosmische-Energie-Generatoren, Nikola Tesla, T. Towsend Brown, der Bendi Motor und und und. Das Kompendium enthält viele Fotos, technische Diagramme, Patente und eine Vielzahl von faszinierenden Informationen.

Seiten ca. 600
DM ca. 78,-
ISBN 3-89539-291-X

NEUE ENERGIEN

Bearden

SKALAR TECHNOLOGIE

- PSYCHOTRONISCHE WAFFEN
- ELEKTROMAGNETISCHE WAFFEN
- BIOPHYSIK

Das Erzeugen von Strahlenwaffen, von Waffen die eine Schwingung erzeugen, die den betroffenen Menschen lähmt, die Adern und Gefäße zum Platzen bringen läßt, die Konzentrationsstörungen herbeiführt, die den Menschen wie ein Steak in der Mikrowelle erhitzen läßt oder jedem lebenden Organismus jegliche Energie/ Wärme entziehen läßt, sind inzwischen Realität geworden.

Die Biophysik eines T.E. Bearden und seine Aufzeichnungen bezüglich der „Skalar Technologie" sind hier zu nennen. Bearden verdanken wir einen tiefen Einblick über die Entwicklung von elektromagnetischen Strahlenwaffen. Er war einer der Ersten der bereits in den 80er Jahren sowjetische Experimente mit dieser Technologie dokumentierte:

„Man beachte, daß eine „kalte Explosion" mit über 240 km Durchmesser eine Interferenz-Zone mit etwa der Größe der Zentralregion des westeuropäischen Kriegsschauplatzes repräsentiert. Ein einziger Schuß aus einer solchen Waffe kann in allerkürzester Zeit nahezu alle NATO Soldaten in diesem Gebiet in einen Eisblock verwandeln. Beachte, daß die Wärmeenergie mit Hilfe der Raum-Zeit aus dem Gebiet abgezogen worden ist. Wärmeisolation oder äußere Wärmequellen bieten keine Abwehr. Die Wärme ist buchstäblich aus dem Inneren der Körper in die umgebende Interferenzzone „abgesaugt" worden. Natürlich kann derselbe Interferometer auch zur „Energieproduktion" eingesetzt werden, wodurch er fast alle elektronischen Einrichtungen im Zielgebiet stören oder zerstören und explosives Material zur Detonation bringen kann."

(Das Fehlen des Hinweises bei Bearden, daß neben den NATO Soldaten zig Millionen Zivilisten und Millionen und Abermillionen andere Lebewesen in Mitteleuropa in Tiefgefrierfleisch verwandelt werden würde, soll mit diesem Einschub ausgeglichen werden).

„Skalar Elektromagnetische Waffen sind nehezu in allen Phasen eines Krieges anwendbar, sowohl taktisch als auch strategisch und zugleich offensiv und defensiv. Sie können Marschflugkörper, Flugzeuge, Panzer, U-Boote, Munitionslager, etc. zerstören. Mit solchen Waffen können unfaßbar große Gebiete zerstört oder binnen Minuten „neutralisiert" werden. Sie können gleichermaßen zur Wetter- und Klimabeeinflußung im weltweiten Maßstab eingesetzt werden".

Weil kaum ein anderer Wissenschaftler seine Berechnungen, seine Messungen und seine Beobachtungen so frühzeitig, mutig und schonungslos der Öffentlichkeit vorstellte und sich dabei immer wieder bemühte, seine Berechnungen in Worte zu fassen (daß Mensch sie auch verstehen kann), hat die Edition Neue Energien das Bearden Buch „Gravitobiology - A New Biophysics" ins Deutsche übersetzt.

Preis: 58,00 DM
ISBN 3-89539-250-2

NEUE ENERGIEN

DAS HAARP-PROJEKT

Das HAARP-PROJEKT ist die größte Bedrohung, der wir Menschen, der die ganze Erde jemals ausgesetzt war. Finanziert aus dem STAR WAR PROGRAM der US-Regierung, finanziert von Universitätsgeldern, finanziert u. a. durch die gleichen privaten Geldgeber, die bereits beim MONTAUK PROJEKT finanziell beteiligt waren - mal wieder eine unheilige Allianz zwischen Kapital, Militär, Geheimdienst und Wissenschaft.
Im Gegensatz zum Geheimprojekt in Montauk ist das HAARP-Projekt öffentlich. Es gibt Haushaltsposten, öffentliche Besichtigungen und von Anfang an eine offensive Pressearbeit.
Nichts Geheimes? Alles öffentlich? Natürlich bei weitem nicht. Was kann das Projekt, was soll es können? Wenn man den HAARP-Projektleiter, John Heckscher, fragt, so antwortet er: „Dies ist kein System zur Kriegsführung, dies ist eine Forschungsanlage!" Warum hat dann allerdings einer der weltweit größten Rüstungskonzerne sämtliche Grundlagenpatente der HAARP-Technologie aufgekauft? In diesem Buch, das unter Mitarbeit von Menschen zustande kam, die in dem Projekt involviert sind, treten wir den Beweis an, das das Projekt folgendes kann:

1. weltweite Wettermanipulation
2. einzelne Ökosysteme beeinträchtig
3. elektronische Kommunikationssysteme weltweit lahmlegen
4. Bewußtseinskontrolle über Menschen ausüben (emotionales Befinden, Gemütszustände verändern)
5. Strahlenwaffen konstruieren.

Der Spiegel und auch der Focus haben bereits über das Projekt berichtet, das Fernsehen hat eine eigene Sendung gebracht, aber das Fazit ist durchweg dasselbe: Es ist lediglich eine Forschungsanlage, alles ganz harmlos, alles ganz friedlich. Das z.B. eine Betriebsstunde (laut offizieller Projektbeschreibung) die Energie von einer Hiroshima-Bombe in die Ionosphäre pumpt (dauerhaft), davon redet keiner.
Wir veröffentlichen gut recherchiertes Material, das z. T. unter schwierigen Bedingungen zusammengetragen wurde, wir veröffentlichen alle Grundlagenpatente (interessanterweise alles Tesla-Technologie). Dieses Buch ist brisant, vielleicht das brisanteste Werk, das wir je verlegt haben. Schlüssel zu der ganzen Technologie bilden die Erfindungen von Nikola Tesla zur drahtlosen Energieübertragung.

Preis: 38,00 DM
ISBN 3-89539-266-9

Montauk

DAS MONTAUK PROJEKT I

I

Entdecken Sie die Wahrheit über das Phänomen Zeit!
Das „Montauk Projekt" deckt das erstaunlichste und am strengsten geheimgehaltene Forschungsprojekt der Geschichte auf. Es begann während des II. Weltkrieges mit dem „Philadelphia Experiment", bei dem die U.S. Navy in Zusammenarbeit mit der

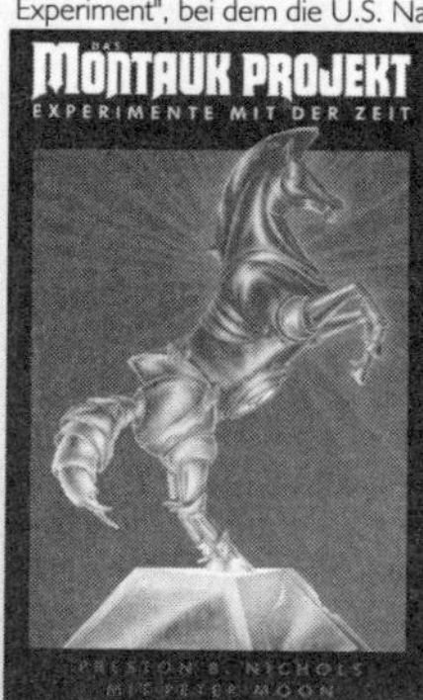

damaligen Elite der Wissenschaft (Nikola Tesla, Albert Einstein u.a.) Versuche durchführte, das Kriegsschiff „USS Eldrige" für feindliches Radar unsichtbar zu machen. Das Projekt wurde unterbrochen, nachdem es am 12. August 1943 zu einer kompletten Teleportation des Schiffes und seiner Besatzung gekommen war. Das „Montauk Projekt" verbindet die Modalitäten der modernen Wissenschaft mit den höchsten esoterischen Techniken und katapultiert uns letztendlich über die Schwelle des Universums und unseres Bewußtseins hinaus. Wir alle wissen, daß „da draußen" irgend etwas ist, doch wir wissen nicht genau was. Dieses Buch liefert nicht zuletzt ein paar handfeste Schlüssel darüber.

Preis: 30,00 DM
ISBN 3-89539-269-3

RÜCKKEHR NACH MONTAUK

II

Die Spurensuche geht weiter!

„Rückkehr nach Montauk" deckt die geheimen, okkulten Kräfte hinter der Wissenschaft und der Technologie auf, die beim „Montauk Projekt" verwendet wurden.

Die Verstrickungen hinter dem größten Zeitreisenprojekt der Geschichte gleichen einem reich verzierten Wandteppich, der Verflechtungen von seltsamen Verbindungen, wie beispielweise des Cameron-Klans mit dem Ursprung der amerikanischen Raketen- und Raumfahrt-technik oder die bizarre Geschichte des elektronischen Transistors und der Magie des Aleister Crowley, Jack Parsons und L. Ron Hubbard, aufzuweisen hat. „Rückkehr nach Montauk" bringt neue Anhaltspunkte und Namen hinter dem „Montauk Projekt" an Tageslicht und nimmt den Leser auf eine Reise mit, die das Szenario des ersten Buches um ein Weites übersteigt.

Preis: 30,00 DM
ISBN 3-89539-270-7

PYRAMIDEN VON MONTAUK

III

„Pyramiden von Montauk" enthüllt die Geheimnisse von Montauk Point und dessen spezielle Lage in bezug auf Pyramiden und Zeitreisen-Experimente.
Preston Nichols faszinierender Bericht bringt weitere neue Erkenntnisse über die geheimen Vorgänge in Montauk, wie die Entdeckung eines Teilchenbeschleunigers auf der Montauk Basis und die Entwicklung neuer psychotronischer Waffen.

„Pyramiden von Montauk" führt uns weit über die Aben-teuer der beiden ersten Bücher hinaus, hinaus in die Erfor-schung der zukünftigen Wirklichkeit und dem Ende der Zeit, wie wir es kennen.
Die Montauk-Reihe ist auf insgesamt 5 Bände angelegt. Pyramiden von Montauk ist der 3. Band. Ebenfalls bereits lieferbar ist der 4. Band: „Interviews zu Montauk". Der 5. Band soll im Herbst 98 erscheinen und hat die finanziellen Hintergründe von Montauk zum Inhalt. Hier werden dann „Nazi-Connection" aufgezeigt.

Preis: 36,00 DM
ISBN 3-89539-272-3

DIE INTERVIEWS ZUM MONTAUK PROJEKT

IV

Duncan Cameron, Peter Moon, Nichols und Al Bielek werden in diesen Interviews befragt über ihre Erfahrungen mit dem Philadelphia Experiment und dem Montauk Projekt.
Befragt über Zeitexperimente, befragt über das Gedankenkontrollprogramm der Regierung.

Für diejenigen, die die Montauk-Bücher kennen, bietet dieses Buch wertvolles Hintergrundmaterial.
Für diejenigen, welche die Montauk-Titel noch nicht kennen, kann dieses Buch ein faszinierender Einstieg sein.

Das vielleicht brisanteste Montauk-Buch.

Preis: 28,00 DM
ISBN 3-89539-271-5

ALTERNATIVE 3

Von der 3. Alternative handelt dieses Buch: Kolonialisierung des Mondes und des Marses.
Wieweit dieses Projekt gediehen ist, davon berichtete vor Jahren die angesehene, englische, Wissenschaftssendung „science".
Nach der Ausstrahlung mußten sich die Redakteure für die Sendung entschuldigen und sie als „Satire" darstellen. Die Sendung wurde aus dem Programm genommen, obwohl nur ein Teil des geheimen Materials veröffentlicht wurde. Die vollständigen Unterlagen und weitere Materialien haben Eingang in dieses Buch gefunden.
Ein durchweg erschreckendes Buch.
Ein Buch, das durch die aktuellen Überlegungen, den Mond als Basisstation für weitere Weltraumflüge zu nutzen, Bestätigung findet.

Preis: 32,00 DM
ISBN 3-89539-288-X

Duesberg

AIDS

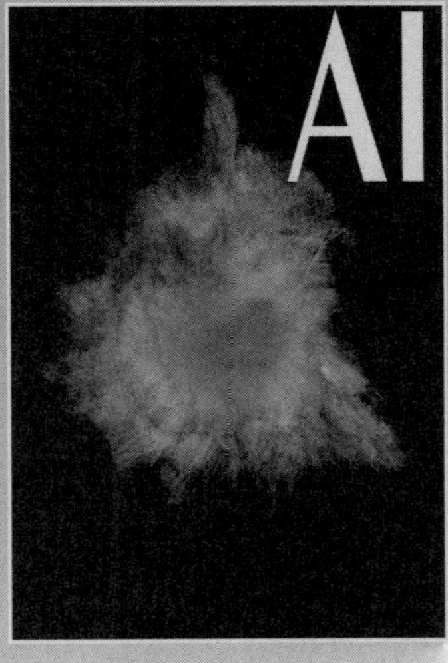

Es dürfte weltweit keinen kompetenteren AIDS-Kritiker geben als Prof. Duesberg.
Times und Spiegel widmen ihm Titelgeschichten, in der medizinischen Fachpresse wird er als Koryphäe gefeiert oder aber totgeschwiegen.
Seine Kritik ist grundsätzlicher Art.
Er kann Hunderte von Fällen aufzeigen, die HIV-positiv sind und nie an „AIDS" erkrankten.
Er kann genauso viele Fälle aufzeigen, die ohne irgendeinen HIV-Erreger an „AIDS" gestorben sind, und er kann Hunderte von Fällen aufzeigen, von Menschen die an dem AIDS-Mittel „AZT" gestorben sind.
Das gängigste AIDS-Mittel „AZT", für die Krebstherapie entwickelt und wegen der enorm vielen Nebenwirkungen vom Markt genommen, führt zur totalen Verpilzung des Darms.
Im Darm befindet sich 80% unseres Immunsystems.
Dieser Bereich wird durch das Mittel völlig zerstört.
Nährstoffe können nicht mehr aufgenommen werden, das klassische Bild des hohlwangigen AIDS-Patienten hat hier seinen Ursprung.
Dies und eine ganze Reihe mutiger Denkansätze und Forschungsergeb-nisse, was denn nun schlußendlich AIDS ist, finden wir in seinem Buch, das ab August in deutscher Sprache lieferbar sein wird. Dieses Buch wird in Deutschland für Aufsehen sorgen.
Wir erwarten gerade bei diesem Titel ein großes Presseecho.

Preis: 48,00 DM
ISBN 3-89539-284-7

EDITION PANDORA

Hrsg. Ulrich Heerd

DER ANFANG

Hrsg. ULRICH HEERD

DERANFANG

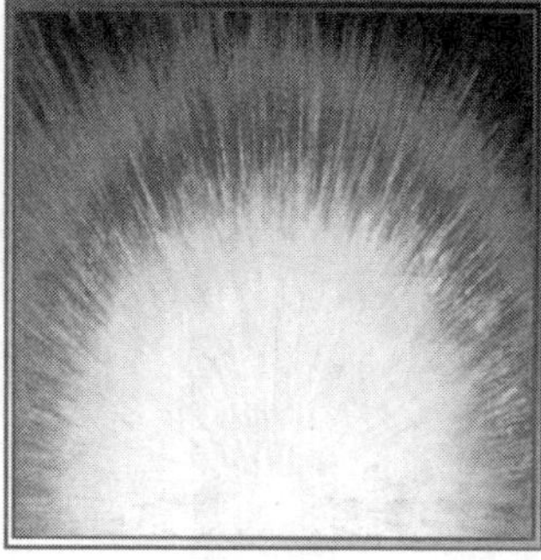

EDITION PANDORA

In diesem Buch erzählt uns der Autor von seinen Erlebnissen in der „Mitte der Nacht".
Er beschreibt in einer Sprache, die noch ganz vom Erlebten geprägt ist, seine persönliche „Einweihung". Er schildert uns seine Begegnung mit einer Wesenheit, die er „Maria Sophie" nennt, und an ihrer Hand durchschreitet er die Sternensphäre, um am „See ihrer Augen kniend" den Urbeginn der Schöpfung zu sehen, „seine Uroffenbarung" zu erhalten.
Das Buch hat nicht den Anspruch, letzte Wahrheiten zu verkünden, „denn der Welt ist nicht Not an Antworten. Der Welt mangelt es an wirklichen Fragen...".
Der eine oder andere wird dieses Buch weglegen und nichts damit anzufangen wissen. Der Autor hofft aber, daß es auch LeserInnen geben mag, die seine Bilder über den Urbeginn, über die Würde und Freiheit des Menschens und über das Opfer aufnehmen und in sich wachsen lassen.
Geht man solcher Art mit diesem Büchlein um, kann es zu einem ganz persönlichen Buch werden. Dann mögen Bilder und Fragen in der Seele dieser Menschen auftauchen und wachsen, und die sind Voraussetzungen zu einem notwendigen Handeln.
Damit würde das großartige Geschenk, das der Autor von seiner „Reise bis zu seiner Sehnsucht Rand" für sich mitgebracht hat, ein Geschenk auch für diese LeserInnen.

Ohne das Gegengewicht dieses Buches, hätten wir die Edition Pandora nicht verlegen können. Deswegen erscheint dieses Büchlein als Band 1 in der Reihe.

Preis: 18,00 DM
ISBN 3-89539-298-7